高等医药院校配套教材

生物化学与分子生物学实验指导

谭宇蕙 ◎ 主编

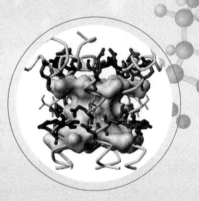

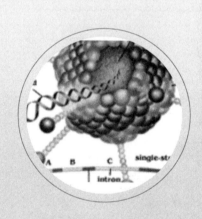

Shengwu Huaxue Yu
Fenzi Shengwuxue
Shiyan Zhidao

中山大学出版社

·广州·

版权所有　翻印必究

图书在版编目（CIP）数据

生物化学与分子生物学实验指导/谭宇蕙主编．—广州：中山大学出版社，2016.1

ISBN 978-7-306-05560-6

Ⅰ.①生⋯　Ⅱ.①谭⋯　Ⅲ.①生物化学—实验—医学院校—教学参考资料 ②分子生物学—实验—医学院校—教学参考资料　Ⅳ.①Q5-33 ②Q7-33

中国版本图书馆 CIP 数据核字（2015）第 305665 号

出 版 人：	王天琪
策划编辑：	嵇春霞　曹丽云
责任编辑：	曹丽云
封面设计：	林绵华
责任校对：	周　玢
责任技编：	何雅涛
出版发行：	中山大学出版社
电　　话：	编辑部 020-84111996，84113349，84111997，84110779
	发行部 020-84111998，84111981，84111160
地　　址：	广州市新港西路 135 号
邮　　编：	510275　传真：020-84036565
网　　址：	http://www.zsup.com.cn　E-mail: zdcbs@mail.sysu.edu.cn
印 刷 者：	佛山市浩文彩色印刷有限公司
规　　格：	787mm×1092mm　1/16　9.75 印张　252 千字
版次印次：	2016 年 1 月第 1 版　2021 年 7 月第 4 次印刷
定　　价：	25.00 元

如发现本书因印装质量影响阅读，请与出版社发行部联系调换

本书编委会

主　编　谭宇蕙（广州中医药大学）

副主编　肖建勇　吴映雅　张广献
　　　　　申川军

编　委　李　红　吴绍峰　伍趣京
　　　　　周瑞珍　刘　娜　孙砚辉
　　　　　许　沁　李燕红

目　录

第一章　绪论 ··· 1
　一、实验课的程序与要求 ··· 1
　二、实验报告的撰写 ··· 2
　三、实验室规则 ··· 3

第二章　常用生物化学实验技术 ·· 4
　一、层析法 ··· 5
　二、电泳法 ·· 13
　三、分光光度法 ·· 17
　四、离心技术 ··· 21
　五、膜分离技术 ·· 25

第三章　生物化学实验 ··· 28
　实验一　酶的性质 ··· 28
　实验二　胡萝卜素的色层分析（柱层析法） ·· 34
　实验三　激素对血糖浓度的影响及血糖测定 ·· 36
　实验四　血清甘油三酯测定 ··· 42
　实验五　血清总胆固醇测定 ··· 46
　实验六　蛋白质的提取纯化和总量测定 ·· 50
　实验七　转氨基作用与纸层析法分析 ··· 65
　实验八　血清蛋白醋酸纤维薄膜电泳 ··· 69
　实验九　SDS-PAGE 测定蛋白质相对分子质量 ·· 72
　实验十　酵母核苷酸片段的提取和鉴定 ·· 79
　实验十一　血浆碳酸氢根测定（滴定法） ··· 81
　实验十二　自行设计性实验——唾液淀粉酶活性与脾虚证的关系研究 ······· 83

第四章 分子生物学技术和实验 ······ 91
实验十三 组织 RNA 的提取纯化（异硫氰酸胍—酚—氯仿一步法）······ 91
实验十四 基因组 DNA 的提取纯化 ······ 93
实验十五 质粒 DNA 的提取纯化（碱裂解法）······ 95
实验十六 核酸的琼脂糖凝胶电泳 ······ 98
实验十七 核酸的紫外分光光度法定量测定 ······ 101
实验十八 质粒 DNA 的限制性核酸内切酶酶切 ······ 103
实验十九 DNA 酶切片段的体外连接 ······ 105
实验二十 大肠杆菌感受态细胞的制备 ······ 107
实验二十一 重组 DNA 的转化 ······ 109
实验二十二 转化子的快速鉴定——快速细胞破碎法 ······ 112
实验二十三 聚合酶链式反应（PCR）······ 114
实验二十四 蛋白免疫印迹（Western blot）分析技术 ······ 117

附录 ······ 122
附录一 玻璃仪器的洗涤、使用及量器的校正 ······ 122
附录二 称量 ······ 127
附录三 试剂的级别、纯度及配制 ······ 130
附录四 缓冲溶液的配制 ······ 135
附录五 溶液 pH 的测定 ······ 139
附录六 采血、血标本的处理与抗凝剂 ······ 140
附录七 组织样品的处理 ······ 143

参考文献 ······ 149

第一章　绪　　论

　　生物化学与分子生物学是从分子和基因水平揭示生命现象的化学本质的学科，具体任务为探索生物机体的分子组成与结构、代谢与调控的奥秘，研究其与生理机能的关系；医学生物化学与分子生物学还要在此基础上进一步探索异常的分子组成结构、代谢及其调控与疾病的关系。实验技术是建立本学科知识体系的主要手段，实质上生物化学与分子生物学是门实验科学，生物化学与分子生物学技术是整个生命科学各个分支领域包括医药学研究必不可少的基础性研究技术；临床生物化学与分子生物学检测分析实验可协助医生诊断疾病、观察病情发展、预后及治疗效果。因此，实验课是生物化学与分子生物学课程的重要组成部分，实验教学能为学生提供理论联系实际的机会，使课堂上讲授的基本理论和基本知识得到验证，有助于学生加深对理论的理解，使学生掌握基本实验技能，同时培养学生的科学精神和科研思路。实验技术的学习是本课程不可缺少的环节。

一、实验课的程序与要求

　　1. 预习

　　充分预习实验指导是做好实验的前提。预习时，应当弄清楚实验的目的、内容、有关原理、操作方法及注意事项等。

　　2. 教师讲解

　　实验课开始，要认真听教师讲解实验原理、实验要领和注意点以及示范关键性操作。

　　3. 领取和清点仪器、器皿、试剂

　　每次实验课，每个实验小组按实验指导中的清单领取和清点仪器、试剂，并小心摆放、使用、保管。

　　开展实验前一定要清点仪器，如果发现有破损或缺少，应立即报告指导教师，按规定手续向实验准备室补领。实验时仪器若有损坏，亦应按规定手续向实验准备室换取新仪器，未经指导教师同意，不得拿用别人的仪器。

　　4. 进行实验

　　学生应遵守实验规则，接受教师指导，按照实验指导的方法、步骤、要求及药品的用量进行实验。

实验中观察到的现象、得到的结果和数据，应该及时地直接记在记录本上，绝对不可以用单片纸做记录或打草稿。原始记录必须准确、简练、详尽、清楚。从实验课开始就应养成这种良好的习惯。应做到正确记录实验结果，切忌夹杂主观因素，这是十分重要的。在实验条件下观察到的现象，应如实仔细地记录下来；在定量实验中观测的数据，如光电比色计的读数等，应如实记录下来，并根据仪器的精密度准确记录有效数字，例如光密度值为 0.500 不应写成 0.5。每次结果都应正确无遗漏地做好记录。使用的仪器类型、标准液浓度、样品来源等，也要记录清楚。如果对记录的结果有怀疑或发现遗漏、丢失等，必须重做实验。在学习期间应一丝不苟，努力培养严谨的科学作风。

实验过程如有意外事情发生，应立即报告指导教师。

5. 清洁

每组实验完毕后，必须再次清点检查，把自己的仪器清洗好，桌面的试剂按原位摆放好，桌面洗抹干净，教师检查后方可离开实验室。

课后值日生必须清扫整个实验室（包括桌面、地板），并关好水龙头、电源及门窗。

二、实验报告的撰写

获得了准确的实验结果还不是实验的结束。实验室工作的目的是用一种明白易懂的方法向他人传播实验结果和引出的概念。书写实验报告是对更严格地撰写科学论文的极好的练习。

要求用练习本书写实验报告，可以用不同方式写。下列各项是在大多数生物化学研究论文中所使用的：

（1）题目。所有的实验都有一个题目，它应该写在实验报告的顶端。实验题目应该简洁而明确，使人看到题目就知道论文作者研究的问题或内容。题目之下是论文作者的姓名。

（2）摘要。对实验使用的主要材料、进行什么方面的研究以及结果情况等给予简明扼要的介绍。如果整篇文章比较简短，这一部分可以省略。

（3）引言。简单介绍所要研究问题的知识、研究的历史、现状，存在的问题以及研究的价值、意义等。

（4）材料与方法。

（5）结果。应如实报告实验结果，不能任意取舍、改动。

（6）讨论。讨论是以结果为基础的逻辑推论。常常在引言部分对实验提出问题，然后看从讨论中能对此问题回答到什么程度，随后给予一简单而中肯的结论。

作为练习的实验报告，只需把题目、原理（代替引言）、材料与方法、结果、讨论写出来就可以了。

三、实验室规则

（1）准时上实验课，不得迟到。

（2）实验时自觉遵守课堂纪律，不得喧哗。

（3）精心爱护仪器。精密贵重仪器每次使用后应登记姓名并记录仪器使用情况，要随时保持仪器的清洁。如发生障碍，应立即停止使用并报告辅导教师，不得任意扳弄。若不听教师讲解仪器要领和使用注意事项、不按使用规则随意操作仪器造成仪器非正常损坏，需要按一定价格赔偿。

（4）节约用电、用水及使用其他物品。

（5）安全用电、用火及使用易燃、易爆或有毒的试剂。

（6）保持桌面、地面、水槽及室内整洁。含强酸强碱的废液应倒入废液缸中。对固体废物（如棉花、滤纸、火柴枝等），应放入废物缸内，不应放在桌上、丢在地上或自来水槽中。将书包和与实验无关的物品放在规定的架上。

第二章 常用生物化学实验技术

实验室常用仪器设备详见表 2-1。

表 2-1 生物化学实验室常用仪器

序 号	仪 器 名 称	序 号	仪 器 名 称
1	分光光度计	23	真空泵
2	紫外可见光分光光度计	24	台式恒温振荡器（摇床）
3	紫外分析仪	25	冷冻干燥机
4	自动收集仪	26	电热恒温水浴锅
5	二笔记录仪	27	隔水式电热培养箱
6	电泳仪	28	电热鼓风干燥箱
7	数字式酸度计	29	台式离心机
8	核酸蛋白检测仪	30	冷冻高速离心机
9	高效液相色谱仪	31	冷冻低速离心机
10	荧光分光光度计	32	水平/垂直电泳槽
11	电子分析天平/全机械加码光电分析天平	33	低温冰箱
		34	酒精喷灯
12	托盘扭力天平	35	电炉
13	普通台式天平	36	电吹风筒
14	旋转蒸发器	37	电子计算器
15	自动纯水器或超纯水器	38	蒸馏水器
16	超声波清洗器	39	计时钟
17	旋涡混合器	40	各式玻璃仪器
18	高速电动匀浆器	41	微量吸液器
19	磁力搅拌器	42	酶标仪
20	蠕动泵	43	凝胶图像自动分析仪
21	脱色摇床	44	各种量程精密可调移液器
22	生化培养箱	45	DNA/RNA 微量计

生物化学实验室常用器皿见表2-2。

表2-2 生物化学实验室常用器皿清单*

仪　器	规　格	仪　器	规　格
试管 小指管	150 mm × 14 mm 0.5 mL、1.5 mL、5 mL	漏斗	48～55 mm 75 mm
刻度试管	25 mL	研钵	80 mm
离心试管	圆底，10 mL	标本缸	
烧杯	500 mL 250 mL 100 mL 50 mL	试管架 吸管架 洗耳球 试管夹	
锥形瓶	150 mL 100 mL	表面皿	90 mm 45 mm
移液管	10 mL 5 mL 2 mL	白色反应盘 白瓷板 培养皿	6 凹 90 mm
移液器	tip 盒 tip 头　1 000 μL 　　　　200 μL 　　　　0.5～10.0 μL	药勺 称量瓶 温度计 滴管	 0～100 ℃
容量瓶	100 mL 50 mL	玻棒 酒精灯	大、中、小
量筒	100 mL 50 mL 10 mL	三脚架 石棉网 编号笔	
量杯	5 mL		

*个别实验临时补发的仪器器皿未列入表。

一、层析法

层析法（chromatography）是由俄国科学家 Michael Tswett 首创的生物化学技术，又称色谱法。其特殊的优点是操作简便，样品量可大可小，既适合实验精细分析制备，又适合工业化大量分离制备高纯度、高活性、高收率的生物活性物质。尤其是后一种应用，有与其他分离方法不可比拟的优势，故在生命科学研究领域、食品和医药行业应用非常广泛。

(一) 基本原理

层析系统都由互不相溶的两相溶剂（固定相和流动相）组成，利用样品各组分的物理化学性质的差异，使待分离的各组分不同程度地分布在两相中，以不同速度随流动相移动，最终达到分离目的。在一定温度下达到平衡后，某种溶质在两相中的浓度比是个常数，称为分配系数（K_D 或 α）：

$$K_D (或 \alpha) = C_s / C_l$$

式中：C_s 为溶质在固定相中的浓度；C_l 为溶质在流动相中的浓度。

分配系数是物种的特征常数之一。不同物质的分配系数不同是层析法分离生物活性物质的主要依据，它表示了一种物质在互不相溶的两相中的分配状况。但某种物质在层析系统中的行为则取决于有效分配系数（K_{eff}）：

$$K_{eff} = W_s / W_l$$

式中：W_s 为溶质在固定相中的总量；W_l 为溶质在流动相中的总量。

对液相—液相层析系统来说：

$$K_{eff} = K_D V_s / V_l$$

式中：V 是体积。

(二) 层析技术的类型

层析技术发展迅速，并与当今光电仪器、电脑技术结合，形成各种高效率高灵敏度的自动化分离分析技术。目前常见类型见表 2-3。

表 2-3 常见层析技术类型

按原理分	按装置分
吸附层析	柱层析
分配层析	薄层层析
吸附分配层析	纸层析
离子交换层析	液相层析（萃取）
分子筛层析	高效液相色谱（HPLC）
亲和层析	气相色谱
共价层析	

在实际应用中，通常把原理和装置两方面结合起来命名，有时还结合固定相种类，例如，琼脂糖凝胶层析、活性炭吸附柱层析、DEAE 纤维素柱层析、硅胶薄层层析、离子交换薄层层析等。

（三）分辨率

以层析系统的溶剂体积相对溶质浓度作图，相邻两峰的分开程度称为分辨率。分辨率反映了分离的效果。（见图2-1）

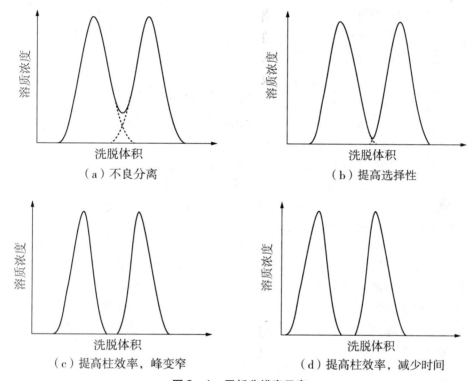

图2-1　层析分辨率示意

装置的形状尺寸（例如柱层析中柱的长度、直径），以及物质的分配系数均影响分辨率。分配系数差异越大，分离峰相距越远，分辨率越高；分配系数越接近，分离峰越宽，分辨率越低；对柱层析而言，柱越长，分辨率越高。

（四）分离效率

单位时间内分离溶质的量称为分离效率，对柱层析来说称为柱效率。

分离效率与待分物质的分配系数、涡流扩散、分子扩散、固定相与流动相的传质（即物质在固定相与流动相中迅速分配达到平衡）速度有关。对柱层析来，固定相粒子越小、粒度越均匀，装柱越均匀，涡流扩散越小，柱效率越高；流动相流速太慢，物质停留时间增长，分子扩散严重，则柱效率降低；流速太快，传质速度慢，来不及达到平衡，会出现物质的非平衡移动，区带展宽，柱效率降低。

归结起来，流动相的种类、特性（pH、离子强度等）和流速，固定相的种类、特性（颗粒大小均度等）和填装技术是影响分离效率的主要因素。

（五）层析法的应用

1. 按原理分类

（1）吸附层析。吸附层析是按吸附作用力的大小和分配系数不同进行分离的层析方法。常见的吸附剂（固定相）有：氧化铝、活性炭、硅藻土、羟基磷灰石、纤维素等。例如目前国内外常用硅藻土分离制备尿激酶粗品，氢氧化铝凝胶制备绒毛膜促性腺激素粗品。由于吸附剂来源广、价廉，至今仍常用于各种天然化合物和微生物发酵初级产品等的分离。

（2）凝胶层析。凝胶层析是按分子大小不同进行分离的层析法，又称分子筛或分子排阻层析。用于分离生物大分子的凝胶有各种孔径范围的葡聚糖（dextran，商品名为Sephadex。如Sephadex G-75，G值表示交联度，后面是型号）、琼脂糖（agarose，商品名为Sepharose）和聚丙烯酰胺凝胶（polyacrylamide gel，商品名为Bio-Gel. P）等；用于分离有机多聚物的凝胶有聚丙乙烯、氯丁橡胶等。凝胶层析分辨率较高，是分离蛋白质、酶、核酸等生物大分子不可缺少的技术，并且在蛋白脱盐和相对分子质量测定方面有独到之处，也常用于更换缓冲液体系。

（3）离子交换层析。离子交换层析是利用待分物质的酸碱性、极性差异，以及不同物质与相对应的离子交换剂间静电结合力不同，通过改变洗脱液的pH和离子强度，使物质按亲和力大小的顺序依次洗脱下来，从而将样品溶液的组分分开的层析法。被分离物质带正电荷则采用阳离子交换剂，反之用阴离子交换剂。常用的离子交换剂有：①离子交换树脂，是人工合成的聚苯乙烯—苯二乙烯。带上酸性基团的为阳离子交换树脂，带碱性基团的为阴离子交换树脂。②离子交换纤维素，最常用的是弱酸型的羧甲基纤维素（CMC）和强碱型的二乙基氨基乙基纤维素（DEAE），纤维素对蛋白和核酸纯化极有用。③离子交换葡聚糖和琼脂糖凝胶，以凝胶作母体引入带正电或负电的活性基团，如DEAE-Sephadex、CM-Sepharose等。因离子交换和分子筛效应的结合，分辨率大大提高。这样离子交换剂最适于生物大分子的分离纯化。

离子交换层析应用范围主要有：①除去离子；②改变盐成分；③浓缩与提取；④分离纯化。该法能分离所有具极性差异的物质。

（4）亲和层析。亲和层析是将特制的具有专一吸附力的吸附剂（称为配基）接到合适的惰性载体上，只有与配基专一亲和力的成分才可结合上去，其他成分均被洗脱下来，从而达到分离目的的层析方法。能形成亲和力专一的可解离络合物的生物分子有：酶与其底物或抑制剂、抗原与抗体、激素与其受体等。

（5）分配层析。分配层析是利用不同的物质在两个互不相溶的溶剂中溶解度不同从而分配系数不同而得到分离的层析法。

2. 按装置分类

（1）柱层析。柱层析操作的基本过程是：

固定相颗粒的预处理—装柱—平衡—上样—（梯度）洗脱—分部收集—检测—合并收集—纯度分析鉴定—脱盐、浓缩成品。

装置如图2-2至图2-4所示。

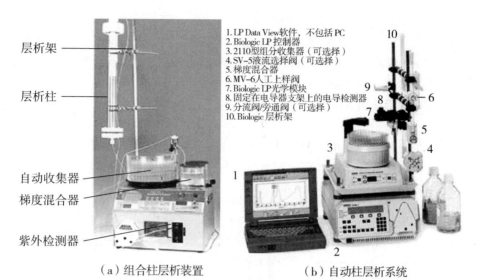

（a）组合柱层析装置　　　（b）自动柱层析系统

图2-2　柱层析装置

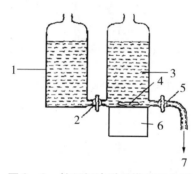

图2-3　柱层析洗脱用梯度混合器

1. 贮液瓶；2. 活塞；3. 混合瓶；4. 搅拌子；5. 活塞；6. 电磁搅拌器；7. 出口（接层析柱）

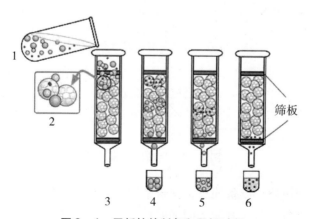

图2-4　层析柱的制备和层析过程

1. 样本；2. 凝胶；3. 加样；4、5、6. 收集不同组分

(2) 薄层层析。薄层层析原理包括吸附、分配、离子交换、凝胶过滤等，各种薄层层析与其对应的柱层析原理相同，如离子交换薄层层析与离子交换柱层析原理是一致的。由于样品组分与支持介质和展层剂之间的作用的差异，展层时样品在薄板上的移动速率不同，从而得到分离。

溶质的移动速率用 R_f 表示：

$$R_f = S_1/S_2$$

式中：S_1 为原点到层析点中心的距离；S_2 为原点到溶剂前沿的距离。

薄层层析的基本操作包括薄层制备、点样、展层、显色、R_f 测定、定性定量分析等几个步骤。装置简图如图 2-5 至图 2-7 所示。

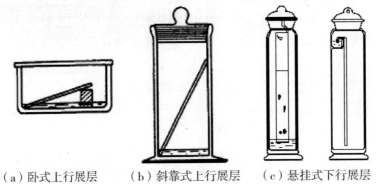

（a）卧式上行展层　　（b）斜靠式上行展层　　（c）悬挂式下行展层

图 2-5　薄层层析装置简图

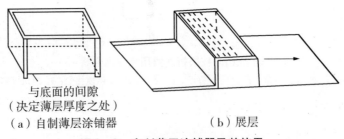

（a）自制薄层涂铺器　　　　（b）展层

图 2-6　自制薄层涂铺器及其使用

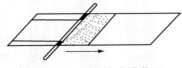

图 2-7　用玻棒涂铺薄层

薄层层析操作简便，设备简单，分辨率较高，可配合扫描仪、质谱仪等进行定性定量分析，在分析实验中有较大的优越性。一般用于小分子分析，对生物大分子分离效果不理想。

(3) 纸层析。纸层析是以滤纸作为惰性支持物（担体）的分配层析，纸纤维上的羟基具有亲水性，因此以滤纸吸附的水作为固定相，而通常把有机溶剂作为流动相，待分物质在两相中不断分配，因为分配系数不同，随流动相移动速率不同而彼此分开。这是最简单的液—液相分配层析。有机溶剂沿着滤纸自下而上流动的，称为"上行法"；自上而下流动的，称为"下行法"。

纸层析的基本操作包括样品预处理、饱和、展层、显色、R_f 测定、定性定量分析。将样品点在滤纸上（此点称为原点），进行展开，样品中的种种溶质（如各种氨基酸）即在两相溶剂中不断进行分配。由于分配系数不同的溶质随流动相移动的速率不等，于是这些溶质就被分离开来，形成距原点不等的层析点。装置简图如图 2-8 所示。

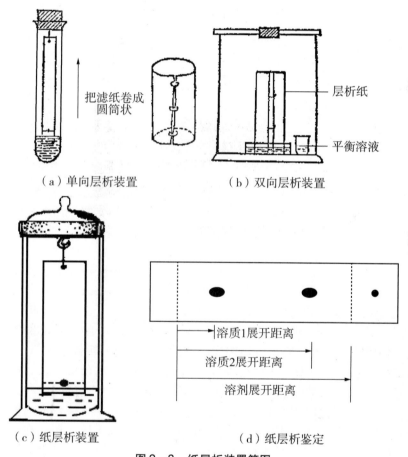

图 2-8 纸层析装置简图

与薄层层析一样，溶质在滤纸上的移动速率用 R_f 表示；只要条件（如温度、展开溶剂的组成、滤纸的质量等）不变，R_f 值就是常数。故可根据 R_f 值作定性分析。

层析后，各种溶质在滤纸上的位置可用适当的化学或物理方法处理而使其显示出来。

纸层析分辨率低于薄层层析，但由于其设施特别简单且价廉，在分离小分子物质，如氨基酸、核苷酸、有机酸、糖、维生素、抗菌素等物质时仍然适合使用。

（4）高效液相色谱法（HPLC）。HPLC 是在液相柱层析技术基础上发展起来的。柱层析中减小固相填充料颗粒和增加柱长可提高分辨率，但同时因阻力增加造成流速下降而降低柱效率；HPLC 利用高压泵产生的高压力驱动流动相流过色谱柱就解决了这一矛盾。各种高效液相色谱与对应的柱层析原理一致，例如离子交换 HPLC 与离子交换柱层析原理相同。HPLC 的优势在于有很高的柱效率，有高压、高速、高灵敏度、易自动化等特点，灵敏度高达 10^{-9} g（紫外检测），甚至 10^{-11} g（荧光检测）。又因其不需要高温汽化待测组分，比气相色谱更简便，因而应用更广。HPLC 流程如图 2-9 所示。

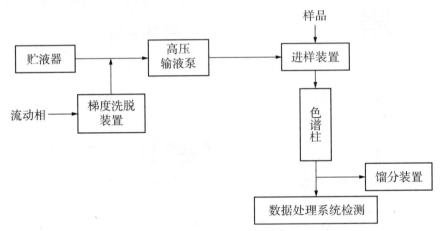

图 2-9 HPLC 流程

HPLC 一般用于分离分析 200～1 000 Da 分子量的物质。分子量大于 1 000 Da 时只能用凝胶过滤 HPLC 法分离；对一些沸点高、难汽化或高温下易分解变质而不能用气相色谱分离的物质可用 HPLC 法分离，大大弥补了气相色谱的不足。HPLC 能分离从氨基酸等小分子到蛋白质等生物大分子及有机聚合物。超过 85% 的自然界有机物适用 HPLC，因此，它是一门用途广泛的重要分离分析技术。

（5）气相色谱法（GC）。GC 是以气体为流动相的分离分析方法。根据固定相是固体还是液体，可分为气固色谱和气液色谱两种。气固色谱的固定相是多孔性固体吸附剂，分离机理是吸附剂对汽化的各组分吸附力不同。气液色谱的固定相是由惰性固相支持物——担体的表面涂渍固定液而成，或把固定液直接涂在毛细管柱的内壁上，分离机理是固定液对各组分的溶解度不同。GC 的流动相常用氮气（称载气），用氢气作燃气，用氧气或空气作助燃气；各个分开的组分进入检测器后分别产生一定的电信号，根据色谱峰的保留时间来定性，峰高或峰面积的大小来定量。如图 2-10 所示。

气相色谱具有高效能、高选择性、高灵敏度、快速等特点，常用于分子量小于 400 Da 的有机物的分离分析。沸点过高及高温下会分解变质的物质不能用 GC 法。

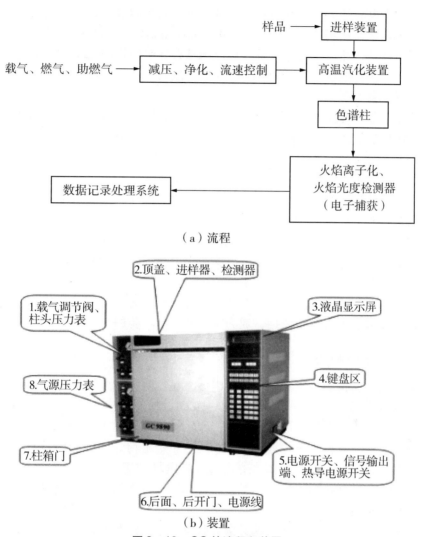

图2-10 GC的流程和装置

二、电泳法

带电颗粒在电场作用下向着与其电性相反的电极移动，称为电泳。电泳技术依据生物分子在溶液中的带电性质及分子大小、形状的差别，从而在电场中的迁移率不同而将其分离纯化。

带电颗粒在单位电场强度下的泳动速度（泳动度）既取决于其本身性质，又受其他外界因素的影响。一般来说，所带的净电荷数量越多、颗粒越小、越接近球形，在电场中的泳动速度越快；反之则慢。影响电泳速度的外界因素包括电场强度、缓冲液的pH及离子强度、电渗现象和温度等。电场强度是指每厘米的电位降，电场强度越高，则带电颗粒泳动越快；缓冲液的pH决定带电颗粒的解离程度，亦即决定其所带电荷的电性及数量；缓冲液的离子强度影响颗粒的电动电势，一般最适合的离子强度在 0.02～0.20 之间；电渗现象是指液体在电场中对于一个固体支持物的相对移动，在电泳时应尽量避免使用具有高渗作用的支持物；电泳过程中会产生热，热效应对电泳有很大的影响，为降低热效应，可控制电压或电流，也可安装冷却散热装置。

电泳技术自发明以来有了很大的发展，种类也很多，较为常见的有：醋酸纤维薄膜电泳、琼脂糖电泳、聚丙烯酰胺凝胶电泳和等电聚焦电泳等。现分别介绍如下。

（一）醋酸纤维薄膜电泳

采用醋酸纤维薄膜作为支持物的电泳方法叫醋酸纤维薄膜电泳。醋酸纤维素是纤维素的羟基乙酰化所形成的纤维素醋酸酯。

醋酸纤维薄膜电泳具有简单、快速省时、灵敏度高、区带清晰、可扫描定量及长期保存等优点。它的分辨率虽比不上淀粉和聚丙烯酰胺凝胶电泳，但比纸电泳强得多。目前已广泛用于分析检测血浆蛋白、脂蛋白、糖蛋白、胎儿甲种球蛋白、体液、脊髓液、脱氢酶、多肽、核酸及其他生物分子，为心血管疾病、肝硬化及某些癌症鉴别诊断提供了可靠的依据，成为医学和临床检验的常规技术。

（二）以琼脂糖为支持物的电泳

以琼脂糖为支持物的电泳有琼脂糖电泳、免疫电泳。分别叙述如下。

1. 琼脂糖电泳

琼脂糖电泳以琼脂糖为电泳支持物。天然琼脂主要由琼脂糖及琼脂胶组成。琼脂糖是由半乳糖及其衍生物构成的中性物质，不带电荷；而琼脂胶是一种含硫酸根和羧基的强酸性多糖，这些基团带有电荷，在电场作用下能产生较强的电渗现象，而且硫酸根可与某些蛋白质作用而影响电泳速度及分离效果。因此目前多用琼脂糖为电泳支持物进行平板电泳，其优点如下：①操作简单快速。②电泳图谱清晰，分辨率高，重复性好。③琼脂糖透明无紫外吸收，电泳过程和结果可直接用紫外监测及定量测定。④区带易染色，样品易洗脱，便于制备；制成的干膜可长期保存。

琼脂糖凝胶电泳常用于血清蛋白、血红蛋白、脂蛋白、糖蛋白以及乳酸脱氢酶、碱性磷酸酶等的同工酶的分离和鉴定，为临床某些疾病的鉴别诊断提供了可靠的依据；也常用于核酸的分离、鉴定，如 DNA 鉴定、DNA 限制性内切酶图谱制作等，为 DNA 分子及其片段的相对分子质量测定和 DNA 分子构象的分析提供了重要手段。该法已成为基因工程研究中常用的实验方法之一。

2. 免疫电泳

免疫电泳是以琼脂糖为支持物，在免疫学基础上将琼脂糖区带电泳与免疫扩散相结合产生特异性的沉淀线、弧或峰，进行分离鉴定的方法。此技术的特点是样品用量极少，免疫识别具有专一性，分辨率高。在琼脂糖双扩散的基础上发展了多种免疫电泳，如微量免疫电泳、对流免疫电泳、单向定量免疫电泳（火箭电泳）、放射免疫电泳及双向定量免疫电泳等。

（三）以聚丙烯酰胺凝胶为支持物的电泳

聚丙烯酰胺凝胶是由单体丙烯酰胺（简称 Acr）和交联剂 N,N-甲叉双丙烯酰胺（简称 Bis）在加速剂和催化剂的作用下聚合交联成三维网状结构的凝胶，以此凝胶为支持物的电泳称为聚丙烯酰胺凝胶电泳（简称 PAGE）。与其他凝胶相比，聚丙烯酰胺凝胶有下列优点：①在一定浓度时，凝胶透明，有弹性，机械性能好。②化学性能稳定，与被分离物不起化学反应。③对 pH 和温度变化较稳定。④几乎无电渗作用，只要 Acr 纯度高，操作条件一致，则样品分离重复性好。⑤样品不易扩散，且用量少，其灵敏度可达 10^{-6} g。⑥凝胶孔径可调节，可根据被分离物的相对分子质量选择合适的凝胶浓度。⑦分辨率很高。PAGE 应用范围广，可用于蛋白质、酶、核酸等生物分子的分离、定性、定量及少量的制备，还可测定相对分子质量、等电点等。

以聚丙烯酰胺凝胶为支持物的电泳目前已发展出多面技术，包括圆盘电泳、垂直板电泳、梯度凝胶电泳、SDS-聚丙烯酰胺凝胶电泳、等电聚焦及双向电泳等技术。现就聚丙烯酰胺凝胶聚合原理、电泳原理、等电聚焦电泳原理分述如下。

1. 聚丙烯酰胺聚合原理

聚丙烯酰胺是由 Acr 和 Bis 在催化剂过硫酸铵（简称 AP）或核黄素和加速剂 TEMED（N,N,N′,N′-四甲基乙二胺）的作用下聚合而成的三维网孔结构，常用的有两种催化体系：①AP-TEMED，这是化学聚合作用，TEMED 的碱基可催化 AP 水溶液产生游离氧原子，激活 Acr 单体，在交联剂 Bis 作用下聚合成凝胶。②核黄素-TEMED，这是光聚合作用。核黄素在光照下还原成无色核黄素，后者被氧再氧化成自由基，从而引发聚合作用。

凝胶的孔径、机械性能、弹性、透明度、黏度、聚合度等均影响电泳的质量。凝胶浓度大，则孔径小，移动颗粒穿过网孔阻力大，移动慢；凝胶浓度小，则孔径大，移动颗粒穿过网孔阻力小，移动快。由于凝胶浓度不同，平均孔径不同，能通过可移动颗粒的相对分子质量也不同，其大致范围如表 2-4 所示。

表 2-4 相对分子质量范围与凝胶浓度的关系

	相对分子质量范围	适用的凝胶浓度/[g·(100 mL)$^{-1}$]		相对分子质量范围	适用的凝胶浓度/[g·(100 mL)$^{-1}$]
蛋白质	$<10^4$	20	核酸	$<10^4$	15～20
	1×10^4～4×10^4	15		10^4～10^5	5～10
	2×10^4～7×10^4	10		1×10^5～2×10^6	2.0～2.6
	4×10^4～9×10^4	7.5			
	6×10^4～2×10^5	5			
	$>10^5$	2～5			

2. 聚丙烯酰胺凝胶电泳原理

聚丙烯酰胺凝胶电泳根据其有无浓缩效应，分为连续系统与不连续系统两大类。前者电泳体系中缓冲液pH及凝胶浓度相同，带电颗粒在电场作用下，主要靠电荷及分子筛效应分离；后者电泳体系中，由于缓冲液离子成分、pH、凝胶浓度及电位梯度的不连续性，带电颗粒在电场中泳动不仅有电荷及分子筛效应，还具有浓缩效应，因而其分离区带清晰度及分辨率均较前者佳。目前常用的多为垂直圆盘电泳及板状电泳两种，前者凝胶是在玻璃管中聚合，样品分离区带染色后呈圆盘状，故称圆盘电泳；后者凝胶是在两块间隔几毫米的平行玻璃板中聚合，故称板状电泳。如图2-11所示。

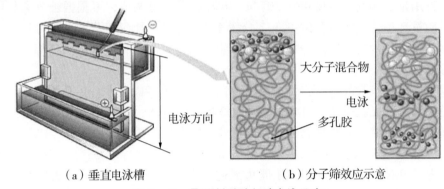

（a）垂直电泳槽　　　　　　　（b）分子筛效应示意

图2-11　聚丙烯酰胺凝胶电泳示意

3. 聚丙烯酰胺凝胶等电聚焦电泳原理

蛋白质是两性电解质，当溶液pH＞pI（pI即等电点，正负电荷刚好相等时的溶液pH）时带负电荷，在外加电场作用下向正极移动；当pH＜pI时带正电荷，在外加电场作用下向负极移动；当pH＝pI时净电荷为零，在电场作用下净迁移率为零，此时称蛋白质处于等电状态。

在电泳管中安排一个pH梯度，使pH从正极向负极逐渐增加，此时，若在电泳管中引入一群等电点不同的蛋白质分子，在电场作用下，无论它们原始分布如何，最后都会聚焦在电泳管中pH等于各自等电点的区域，因蛋白质在等电点区域净电荷为0，在电场中不再移动，从而形成分散的蛋白区带，这便是等电聚焦电泳分离蛋白质和测定蛋白质等电点的基本原理。

利用两性电解质载体建立稳定的pH梯度是等电聚焦电泳的关键问题，可利用一系列相对分子质量小、化学性能稳定的两性电解质载体，在电场作用下，使其按各自pI形成从阳极到阴极逐渐增加的平滑而连续的pH梯度。目前，市面上有多种牌子各种规格的两性电解质载体出售。

聚丙烯酰胺凝胶可作为良好的抗对流支持介质。在聚丙烯酰胺凝胶上，蛋白质的扩散系数很小，调节凝胶浓度和交联度，可使凝胶的孔径适合于分离大部分蛋白质；高纯度的聚丙烯酰胺结构中不含离子性的基团，无电渗现象；只要凝胶浓度和交联度合适，凝胶就能有良好的透明度、机械强度，比较容易操作。这些是聚丙烯酰胺凝胶作为等电聚焦电泳的支持介质的优点。以聚丙烯酰胺凝胶作为支持物，并在其中加入两性电解质载体，在电场作用下，蛋白质在 pH 梯度凝胶中泳动，当迁移至等于其 pI 的 pH 处，则不再泳动而浓缩成狭窄的区带，这种电泳方法称为聚丙烯酰胺凝胶等电聚焦电泳（简称 IEF – PAGE）。其优点是分辨率高，可在任何地点加样，重现性好，操作简单，可用于分离蛋白及测定 pI，也可用于临床鉴别诊断等各种领域。

随着其他技术的改进，等电聚焦电泳不断充实完善，从柱电泳发展到垂直板电泳，进而发展到超薄型水平板电泳，还可与其他技术或 SDS – PAGE 结合，进一步提高灵敏度与分辨率。

三、分光光度法

（一）光与光谱

光是一种电磁波。复色光经过色散系统（如棱镜、光栅）分光后，按波长（或频率）的大小依次排列的图案称为光谱。按波长区域不同，光谱可分为红外光谱（波长大于 750 nm）、可见光谱（波长在 400～750 nm 范围）和紫外光谱（波长小于 400 nm）；按产生方式不同，可分为发射光谱、吸收光谱和散射光谱。

（二）光的吸收

被分析的溶液能吸收某些波长的光线。例如，绿色溶液吸收红色光线，蓝色溶液吸收红色和黄色光线，无色溶液吸收可见光谱以外的光线（紫外线或红外线）。分光光度法就是利用吸收光谱的强度来测量溶液中物质的性质和含量的分析方法，使用的仪器是分光光度计。

（三）透光率

照射溶液的光线强度称为入射光强度 I_0，透射出溶液的光线强度称为出射光强度 I。

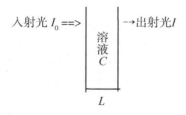

I/I_0 称为透光率 T，$T \times 100\%$ 称为百分透光率 $T\%$，百分透光率可通过分光光度计测量。有四个主要因素影响透光率：照射光线的波长、溶液的性质、杯的光径

长度 L、溶液的浓度 C。如果前面两个因素保持不变，那么百分透光率随光径 L 或浓度 C 的增加呈指数降低。

（四）吸光度与朗伯—比尔定律

如果用透光度率的负对数 $-\log T$ 来表示溶液吸收光线的情况，并称之为吸光度 A、光密度 OD 或消光度 E，则有：

$$A = -\log T = -\log I/I_0 = \log I_0/I$$

当溶液浓度 C 不变时，$A \propto L$，称为朗伯定律；当溶液光径 L 不变时，$A \propto C$，称为比尔定律。如图 2-12 所示。

两式合并为 $A \propto CL$，或写成方程式 $A = KCL$，称为朗伯—比尔定律。K 对于特定的溶质在特定的波长下是一常数，称为摩尔消光系数，指 1 mol/L 特定溶质的溶液在特定波长的吸光度。

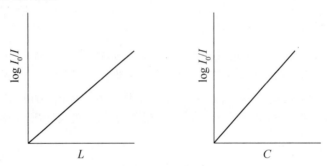

图 2-12　A 对光径 L 和浓度 C 的直线关系

（五）分光光度计

1. 光源

使用钨灯发射可见光谱，氢灯发射紫外线光谱。如图 2-13 和图 2-14 所示。

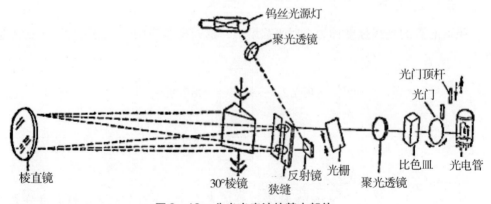

图 2-13　分光光度计的基本部件

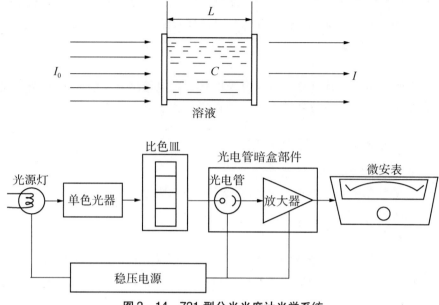

图 2-14 721 型分光光度计光学系统

2. 波长选择器

供选择某一波长的光线照射比色杯内的溶液。常选择一个相当于吸收光谱曲线峰值的波长。（见表 2-5）

表 2-5 波长的选择

溶液颜色	波长范围/nm
青紫	540～560
蓝	570～600
蓝带绿	600～630
绿带蓝	630～760
绿	400～420
绿带黄	430～440
黄	440～450
橙黄	450～480
红	490～530

3. 狭缝

调节狭缝的宽度以控制照射溶液的光量。

4. 比色杯

用于盛装比色溶液的杯子，由塑料、玻璃或石英制成。可见分光光度计选用塑料杯或玻璃杯,紫外分光光度计选用石英杯(注意!)。比色杯厚度(光径)有0.5 cm、1.0 cm和2.0 cm等,可根据需要选用。杯有透明面和磨砂面,透明面处于光路中。

5. 光电装置与测量装置

分光光度计使用的光电装置主要有光电管或光电倍增管,它将出射光的强度转换成电流强度,并以百分透光率或吸光度在显示器上显示出来。

(六)分光光度法的应用

1. 测定溶液的吸光度求溶液的浓度

(1)已知摩尔消光系数 K,求测定溶液的摩尔浓度:

∵ $A = KCL$

∴ $C = A/KL$

(2)利用某物质标准溶液的摩尔浓度或质量浓度,计算该物质在待测定溶液中的对应浓度(浓度单位与标准溶液相同即可):

∵ $A_{测} = K_1 C_{测} L_1$

$A_{标} = K_2 C_{标} L_2$

∴ $A_{测}/A_{标} = K_1 C_{测} L_1 / K_2 C_{标} L_2$

由于使用的比色杯光径相同,故 $L_1 = L_2$。又由于测定的溶液溶质相同、仪器相同以及处理方法相同,故 $K_1 = K_2$。

∴ $A_{测}/A_{标} = C_{测}/C_{标}$

$C_{测} = (A_{测}/A_{标}) C_{标}$

(3)利用标准曲线,查出测定溶液的浓度:测量已知浓度标准溶液的吸收光率,然后以吸光度为纵坐标,以浓度为横坐标制作标准曲线,此后,在同等条件下测量未知浓度溶液的吸光度,可在标准曲线上查出待测溶液的对应浓度。如图2-15所示。

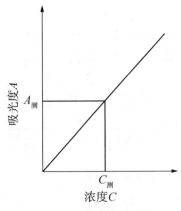

图2-15 吸光度—浓度关系

2. 绘制吸收光谱曲线

吸收光谱曲线是溶液浓度和光径长度保持不变时，吸光度对光波长的曲线图。不同性质溶液具有特征性吸收光谱曲线，因此吸收光谱曲线可用于物质的鉴定。图 2-16 显示 NAD^+（烟酰胺腺嘌呤二核苷酸氧化型辅酶）和 NADH（烟酰胺腺嘌呤二核苷酸还原型辅酶）吸收光谱。

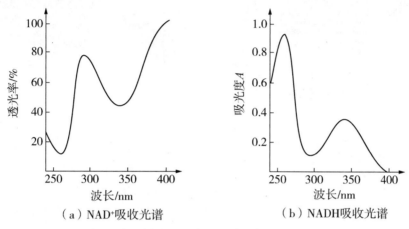

（a）NAD^+ 吸收光谱　　（b）NADH 吸收光谱

图 2-16　NAD^+ 和 NADH 吸收光谱

（七）721 型分光光度计使用方法

（1）接电源。

（2）选择波长。

（3）选择灵敏度。由"1"档开始试用。

（4）揭盖调 T 为 0。打开比色箱盖，打开仪器开关，转动"0"旋钮，使指针对准 T 为 0。

（5）合盖调 T 为 100。将比色箱盖合上，转动"100"旋钮，使指针对准 T 为 100%（A 为 0）。预热 20 min。

（6）比色。将空白液、标准液、测定液分别倒入比色杯，液体达 2/3 杯即可，按顺序放入比色槽内，比色槽再置入比色箱内。拉动比色槽拉杆，使空白液杯对准光路，重新校准"0"和"100"。如果达不到 100，将灵敏度旋钮调至"2"档，1 min 后，重调"0"和"100"。合盖调好"100"后，推动拉杆，先后将标准液杯和测定液杯对准光路，分别记录 $A_{标}$ 和 $A_{测}$ 数值。

（7）比色完毕。关闭开关，清洗比色杯，倒置晾干。

四、离心技术

离心技术是根据物质的沉降系数及浮力密度的差别，利用旋转运动所产生的强大离心力使物质分离的一种生物化学分离技术。离心机外形如图 2-17 所示。

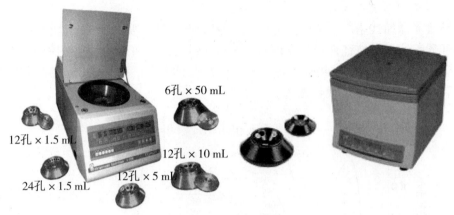

图2-17 离心机外形示意

当悬液静置不动时,由于重力场的作用,若悬浮着的颗粒密度比液体介质大,则颗粒逐渐下沉,颗粒越重,沉降越快;相反,若颗粒密度比液体介质小,颗粒就上浮。悬浮颗粒在重力场中上浮或下沉的速度与颗粒的密度、形状、大小及液体介质的密度、黏度和离心速度的大小有关,同时,还与悬浮颗粒在液体介质中的扩散运动有关。颗粒越小(例如病毒颗粒),则沉降越慢,扩散现象也越严重,这时需要加大重力场(即利用离心的方法产生强大离心力场),提高颗粒的沉降速度,才能克服严重的扩散现象,达到分离的目的。如图2-18所示。

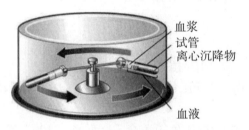

图2-18 离心机离心原理示意

离心力指悬浮颗粒在离心过程中所受的离开旋转中心轴的强大作用力。根据牛顿第二定律,离心过程中,颗粒所受到的离心力可用下式表示:

$$F = m\omega^2 r$$
$$= m(2\pi n/60)^2 r$$

式中:m 为颗粒质量(g);ω 为颗粒旋转角速度(rad/s);n 为每分钟的转数;r 为颗粒离旋转轴距离(cm);F 为颗粒所受离心力(g·cm/s² 或达因,r/min)。

通常,我们将悬浮颗粒所受的离心力与它受到的地球重力进行比较,用地心引力的倍数(×g)来表示颗粒所受的离心力,并称为相对离心力(RCF)。如:500 000 ×g 表示该颗粒所受的离心力为地心引力的500 000倍。

$$RCF = F_{离心力}/F_{重力} = \omega^2 r/g = 1.119 \times 10^{-5} n^2 r$$

RCF 只与 n、r 有关，与被沉降的粒子无关。

沉降速度指在离心力作用下，单位时间内悬浮颗粒的运动距离。沉降速度的大小与颗粒的半径、密度及液体介质的密度、黏度有关。它们之间的关系可用斯托克（Stoke）落体方程式表示：

$$v = [2x^2(\rho_p - \rho_m)/g\eta]\omega^2 r$$

式中：v 为沉降速度；x 为颗粒半径；ρ_p 为颗粒密度；ρ_m 为液体介质密度；η 为液体介质黏度；ω 为颗粒旋转角速度；r 为颗粒离旋转轴的距离。

由上式可知：①颗粒的沉降速度与颗粒的半径平方成正比。②颗粒的沉降速度与颗粒密度和液体介质密度之差成正比；当颗粒密度等于液体介质密度时，沉降速度为零。③当液体介质黏度增加时，沉降速度下降。④当离心力场增加时，沉降速度增加。

沉降系数是指在单位离心力作用下，悬浮颗粒的沉降速度。用 Svedberg 单位（s）来表示，1 s 等于 10^{-13} m/s（米/秒）。当某些生物大分子或亚细胞组分的化学结构、相对分子质量等还不清楚时，可用沉降系数对它们的物理特性做初步的描述，如 70 s 核糖体、50 s 亚基、23 srRNA 等。许多细胞组分（如蛋白质、核酸和多糖）的沉降系数在 1～200 s 之间。其表达式如下：

$$S = 2x^2(\rho_p - \rho_m)/\eta$$

式中：S 为颗粒的沉降系数；其他同上。沉降系数与颗粒的大小、形状、密度以及液体介质的密度、黏度等因素有关，为便于比较，常用 20 ℃纯水中的沉降系数为标准（$S_{20.w}$）表示，其他条件下沉降系数能转化为 $S_{20.w}$：

$$S_{20.w} = S_{T.m}[\eta_{T.m}(\rho_p - \rho_{20.w})]/[\eta_{20.w}(\rho_p - \rho_{T.m})]$$

式中：$S_{T.m}$ 为在温度 T、介质 m 中的沉降系数；$\eta_{T.m}$ 为介质在温度 T 时的黏度；$\eta_{20.w}$ 为 20 ℃纯水的黏度；ρ_p 为颗粒密度；$\rho_{T.m}$ 为介质 m 在温度 T 时的密度；$\rho_{20.w}$ 为 20 ℃纯水的密度。

沉降系数还与颗粒的相对分子质量有一定关系。根据 Svedberg 公式，可由沉降系数计算颗粒的相对分子质量：

$$M = RTS_{20.w}/[D_{20.w}(1 - \upsilon\rho)]$$

式中：M 为颗粒相对分子质量；$D_{20.w}$ 为在 20 ℃，水为介质时颗粒的扩散系数；υ 为偏比容（颗粒密度的倒数）；ρ 为液体介质的密度；R 为气体常数[8.314 J/(K·mol)]；T 为绝对温度。

制备性离心是以分离纯化生物化学物质、细胞、亚细胞粒子为目的。主要有差速离心和密度梯度离心。后者又可分为速率区带离心法和等密度离心法。现分别介绍如下。

(一) 差速离心法

差速离心法是采用逐渐增加离心速度或低速和高速交替进行离心，使沉降速度不同的颗粒分批分离的方法。例如,从组织捣碎液中分离各种亚细胞成分常采用这种方法。原始匀浆液经第一次离心之后,将上清液与沉淀分开,然后用更大的离心速度去第一次离心出来的上清液。如此类推,逐渐提高转速,从而分离出所需的组分。

此法适用于分离沉降系数相差较大(一至几个数量级)的颗粒,对于沉降系数差别较小的物质难以得到满意的结果。也就是说,这种方法只能粗提、浓缩某些组分,而很难获得一种完全纯化的样品。

(二) 密度梯度离心法

1. 速率区带离心法

速率区带离心法是利用颗粒的沉降速度不同,在一定离心力作用下,颗粒各自以一定速度沉降,在密度梯度的不同区域形成区带,从而使沉降系数很接近的颗粒得以分离的方法。

离心时,由于离心力的作用,颗粒离开原样品层,按不同沉降速度向管底沉降。离心一段时间后,沉降的颗粒逐渐分开,最后形成一系列界面清楚的不连续区带。沉降系数越大,往下沉降得越快,所呈现的区带也越低;沉降系数较小的颗粒,则在较上部分依次出现。离心必须在沉降最快的颗粒(大颗粒)到达管底前或刚达管底时结束,使颗粒处于不完全的沉降状态,而出现在某一特定区带内。速率区带离心法通常选用低于待分离颗粒密度的介质作为密度梯度介质,这样形成的密度梯度可克服离心时梯度柱由于振动和温差所产生的对流作用对已形成的样品区带界面的扰乱。使用最多的介质是蔗糖。其形成的密度梯度范围:稀蔗糖溶液5%~20%,浓蔗糖溶液10%~60%。如图2-19所示。

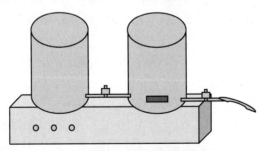

图2-19 密度梯度器示意

速率区带离心法具有比普通差速离心法高得多的分辨率,可避免差速离心法中出现的那种不同大小颗粒一起沉降的问题,从而获得纯度高的组分。此法一般用于分离沉降系数相差很小的颗粒,与颗粒密度无关。

2. 等密度梯度离心法

如果密度梯度的范围包括待分离样品中所有颗粒的密度,经过足够时间的离心,具有不同密度的颗粒能分别达到并停留在梯度密度等于它们本身密度的平衡位置,从而使颗粒得以分离,这种方法称为等密度梯度离心法。

等密度梯度离心一般以氯化铯(CsCl)溶液作为密度梯度溶液。离心前,不须预先制成密度梯度,而只须将所需质量的结晶氯化铯加至一定量的样品溶液内,经过足够时间离心后,铯盐在离心场内沉降,自行形成稳定的密度梯度(这样形成的梯度称为"自生梯度")。

此法具有很高的分辨率,可获得纯度很高的组分。

五、膜分离技术

膜分离的原理,主要是利用溶液中溶质分子的大小、形状、性质等的差别对各种薄膜表现出不同的可透性而达到分离的目的。

薄膜的作用是有选择地让小分子通过,而把较大的分子挡住。分子透过膜,可由简单的扩散作用引起,或由膜两边外加的流体静压差或电场作用所推动。膜分离技术一般包括透析、超滤、电渗析、反渗透等。

(一)透析

透析法的特点是半透膜两边都是液相,一边是样品溶液,另一边是纯净溶剂(水或缓冲液);样品溶液中不可透析的大分子(所需组分)被截留于膜内,可透析的小分子(被去除部分)经扩散作用不断透出膜外,直到两边浓度达到平衡。

透析法多用于制备及提纯生物大分子时除去或更换小分子物质、脱盐和改变溶剂成分。

动物膜、羊皮纸、火棉胶、玻璃纸及近年来使用的 Visking 赛璐玢透析膜等,均可作为透析膜,一般是由纤维或纤维素衍生物制成。透析膜应具有如下特点:

(1)在溶剂中能膨胀形成分子筛状多孔薄膜,只允许小分子溶质和溶剂通过,而阻止大分子(如蛋白质)通过。

(2)具有化学惰性,不具有可与溶质起作用的基团,在水、盐溶液、稀酸碱溶液中不溶解。

(3)有一定的机械强度和良好的再生性能。

(二)加压膜分离

加压膜分离技术的原理与一般过滤一样,主要依赖于被分离物质相对分子质量的大小、形状和性质不同,在一定的压力差下,小分子能够通过具有一定孔径的特制薄膜,大分子被膜阻留,从而使不同大小的分子得以分离。

加压膜分离操作要在膜的两边产生压力差。一般可在样品溶液一边加正压或在滤液一边产生负压,前者应用较多。所以加压膜分离通常指外源加压的膜分离。根据所加的操作压和所用膜平均孔径的不同,可分为微孔过滤、超滤和反渗透三种:

微孔过滤所用操作压在 5 lbf/in^2(磅/平方英寸。1 lbf/in^2 = 6 894.757 Pa)以

下，膜的平均孔径为 50 nm ～ 14 μm，用于分离较大分子颗粒。

超滤所用操作压为 5 ～ 100 lbf/in^2，膜的平均孔径为 10 ～ 100 Å（1 Å = 0.1 nm），用于分离大分子溶质。

反渗透作用操作压比超滤更大，常达 500 ～ 2 000 lbf/in^2，膜的平均孔径最小，一般在 10 Å 以下，用于分离小分子溶质。

合适的膜是上述三种技术的关键。合适的膜应具有下列特性：

（1）膜对水分有高度渗透性。

（2）具有明显的相对分子质量截留值，超出一定相对分子质量范围的大分子，能被膜全部保留下来，而小分子溶质能全部透过膜。

（3）具有良好的机械性能，对化学品及热是稳定的。

（4）对液体具有良好的流动稳定性，在静压力下，膜的通透性受溶质类型及浓度影响较小。

（5）抗污染能力强。

超滤膜分为有机类和无机类两种。目前应用的大多数是有机类，无机超滤膜尚在研究过程中。有机超滤膜包括下列几种：醋酸纤维素膜、硝酸纤维素膜、醋酸与硝酸纤维素混合膜、聚砜膜、聚乙烯—丙烯腈共聚膜、尼龙膜等。根据膜的结构可将膜分为三类：

（1）各向同性均匀膜。特点是孔径均匀，而且各个方向一致。

（2）各向异性扩散膜。特点是不对称性，即膜的正反两面结构不同，正面是薄的多孔层，反面是海绵层。

（3）各向异性微孔膜。特点是膜的纵切面呈喇叭形，故相当于一个膜具有无数漏斗，因此流量大，且超滤效果好。

超滤技术和反渗透技术有如下应用：

（1）超滤技术的应用：①生物大分子浓缩和脱盐。与冷冻、干燥、蒸发相比较，超滤浓缩无相的变化，不会改变生物化学物质的结构与性质。因此，对于酶、蛋白质、多肽、核酸、抗原、抗体等生物化学物质的浓缩尤为适宜。同时可除去盐和低分子杂质。②除菌过滤。超滤是一种很好的冷灭菌法。对于不能用高压消毒灭菌的生物化学制剂，可用超滤方法进行除菌。

（2）反渗透技术的应用：反渗透技术主要用于海水淡化、超纯水制备以及工业废水的处理等。

（三）电渗析

电渗析是一种在半透膜两侧加电极使可透过膜的带电物质彼此分开的方法。目前常用的是离子交换膜电渗析，它可以选择透过或阻留不同的离子。离子交换膜的选择透性一方面决定于膜表面的孔隙度大小，另一方面决定于组成膜的离子基团，它们在强电场作用下对某种离子所起的吸附或排斥作用，能够达到选择分离的目的。

　　离子交换膜电渗析主要用于海水淡化与制盐、工业上脱盐浓缩；在生物化学方面也常用于蔗糖、柠檬酸和抗菌素等的分离提纯，注射用水的制备，蛋白质与氨基酸的脱盐等。

第三章 生物化学实验

实验一 酶 的 性 质

一、实验前准备的练习

(1) 玻璃仪器的清洗、使用及量器的校正练习（练习前详细阅读附录一）。
(2) 天平的使用练习（练习前详细阅读附录二）。
(3) 试剂配制的练习（练习前详细阅读附录三、附录四、附录五）。

按下列顺序配制各种试剂：① 0.2% 淀粉；② 0.3% NaCl；③ 0.5% 蔗糖；④ 0.3% Na_2SO_4 溶液；⑤ 1/15 mol/L KH_2PO_4 液；⑥ 1/15 mol/L Na_2HPO_4 液；⑦ 4 种pH 分别为 4.9、6.8、7.4、8.6 的缓冲液；⑧ 1% 琥珀酸溶液；⑨ 0.1% 丙二酸。

注意事项：试剂瓶盖每打开一个，用完立刻盖好一个，严防混错盖子。注意试剂的防潮、防污染。有些试剂有特别要求，如防光照，配制后要用棕色瓶贮存。

二、酶的性质检测项目

（一）酶的专一性

【原理】

唾液淀粉酶只能使淀粉水解为麦芽糖而不能使蔗糖水解为葡萄糖和果糖；相反，蔗糖酶只能使蔗糖水解为葡萄糖和果糖，而不能使淀粉水解为麦芽糖。由此证明酶的专一性。

判断淀粉或蔗糖是否水解，是利用水解后产生的麦芽糖、葡萄糖和果糖具有还原性，可使班氏试剂中的 Cu^{2+} 还原为 Cu^+ 而出现棕红色沉淀；相反，未水解的淀粉、蔗糖没有还原性，不出现棕红色沉淀。还原反应式为：

$$2Cu(OH)_2 + RCHO \rightarrow Cu_2O \downarrow + 2H_2O + RCOOH$$
$$（棕红色沉淀）$$

【试剂】

(1) 0.2%淀粉：加少量水先煮成胶状溶液，再定容。
(2) 0.3% NaCl。
(3) 0.5%蔗糖。
(4) 0.5%蔗糖酶溶液：临用前配制。
(5) 班氏试剂：取柠檬酸钠173 g和无水碳酸钠100 g溶于700 mL蒸馏水中，加热促溶。冷却后慢慢倾入17.3%硫酸铜溶液100 mL，边加边摇。再加蒸馏水至1 000 mL，摇匀，如果混浊可过滤，取滤液。此试剂可长期保存。

【操作】

(1) 稀释唾液的制备（临用前配制）：用清水漱口，含蒸馏水少许行咀嚼动作以刺激唾液分泌。取小漏斗1支，垫小块薄层脱脂棉。直接将唾液排入漏斗，过滤。取滤过的唾液约2 mL，加蒸馏水10倍稀释，备用。
(2) 取试管4支，编号，按表3-1加入各种试剂。

表3-1 唾液淀粉酶专一性的测定　　　　　　　　单位：滴

试　剂	试管1	试管2	试管3	试管4
0.2%淀粉	15	—	15	—
0.5%蔗糖	—	15	—	15
0.3% NaCl	3	3	—	—
蒸馏水	—	—	3	3
稀释唾液	3	3	—	—
蔗糖酶液	—	—	3	3

(3) 将上述各管摇匀，置于37 ℃水浴箱中保温10 min。
(4) 在上述4管中各加班氏试剂15滴，摇匀。置沸水锅中煮沸2～3 min，取出并观察颜色反应。

(二) pH对酶促反应速度的影响

【原理】

由于酶具有许多极性基团，在不同的酸碱环境中，这些基团的游离状态和所带的电荷不同。pH既影响酶蛋白本身，也影响底物的离解程度和电荷，从而改变酶与底物结合和催化作用。

本实验比较唾液淀粉酶在不同pH条件下，催化淀粉水解的速度，证实pH影响酶促反应。

本实验利用碘与淀粉及其水解产物的反应来判断淀粉的水解速度。

$$淀粉 \xrightarrow{淀粉酶} 糊精 \xrightarrow{淀粉酶} 麦芽糖$$
（遇碘呈蓝色）　　（遇碘呈紫色—红色）　　（遇碘不呈色）

【试剂】

（1）0.2%淀粉。

（2）0.3% NaCl。

（3）不同pH缓冲液的配制：

1）1/15 mol/L KH_2PO_4 液：KH_2PO_4 9.08 g，加水溶成 1 L。

2）1/15 mol/L Na_2HPO_4 液：$Na_2HPO_4 \cdot 2H_2O$ 11.87 g，或者 $Na_2HPO_4 \cdot 12H_2O$ 60.2 g，加水溶成 1 L。

两液按表3-2比例配合，即可以得到各种pH缓冲液。pH 7.4缓冲液供本实验之"（五）酶的竞争性抑制"用。

表3-2　4种缓冲液的配制　　　　　　　　　　　　　　单位：mL

pH	4.9	6.8	7.4	8.6
1/15 mol/L KH_2PO_4	9.9	5.0	19.2	0.1
1/15 mol/L Na_2HPO_4	0.1	5.0	80.8	9.9

（4）碘液：KI 2.5 g，溶于100 mL蒸馏水中，然后再加入0.135 g碘，搅拌使其溶解。

【操作】

（1）稀释唾液的制备：方法见本实验之"（一）酶的专一性"的相关内容。

（2）取试管5支，编号，按表3-3分别加各种试剂。

表3-3　pH对酶促反应速度影响的测定　　　　　　　　单位：滴

试　剂	试管1	试管2	试管3	试管4	试管5
0.2%淀粉	10	10	10	—	10
0.3% NaCl	3	3	3	3	3
蒸馏水	—	—	—	10	3
pH 4.9 缓冲液	3	—	—	—	—
pH 6.8 缓冲液	—	3	—	3	3
pH 8.6 缓冲液	—	—	3	—	—
稀唾液	3	3	3	3	—

(3) 将各管分别摇匀后,同时置于 37～40 ℃ 水浴中保温。每隔 1～2 min 由第 2 管取出 1 滴液体滴在白色反应板上,加碘液 1 滴,直至第 2 管中液体与碘液呈浅棕色反应或接近黄色时止,立刻向各管加碘液 1 滴,摇匀,观察并解释其结果。

(三) 温度对酶促反应速度的影响

【原理】

一般来说,酶促反应在 0 ℃ 时速度接近零,随温度升高而加快,当达到最适温度时,酶促反应最快,以后又随温度升高而减慢。温度升高能加速化学反应,但酶蛋白易因温度升高引起变性而失去活性。

本实验比较唾液淀粉酶在不同温度条件下催化淀粉水解的速度,从而验证温度影响酶促反应。

【试剂】

见本实验之"(二) pH 对酶促反应速度的影响"的相关内容。

【操作】

(1) 取试管 3 支,编号,按表 3-4 分别加入各种试剂。

表 3-4 温度对酶促反应速度影响的测定　　　　　单位:滴

试　剂	试　管　1	试　管　2	试　管　3
0.2% 淀粉	10	10	10
pH 6.8 缓冲液	3	3	3
0.3% NaCl	3	3	3

(2) 将第 1 管置于沸水浴中,第 2 管置于 37～40 ℃ 温水浴中,第 3 管置于冰水浴中。3 min 后,向各管加入稀唾液 3 滴,摇匀,继续在原水浴中放置 10 min。

(3) 每管取出 2 滴试液滴在点滴板上,加碘液 1 滴,观察颜色并记录。

(4) 再将第 1、第 3 管置 37～40 ℃ 水浴中 10 min,各加碘液 1 滴,观察颜色并记录。

(四) 激活剂对酶促反应速度的影响

【原理】

某些无机离子,作为一种酶的辅助因子,能加快某种酶的反应速率。例如氯离子是唾液淀粉酶的激活剂,能加速唾液淀粉酶催化淀粉水解的速率。

【试剂】

0.3% Na_2SO_4 溶液。

其余见本实验之"（二）pH 对酶促反应速度的影响"的相关内容。

【操作】

（1）取试管 3 支，编号，按表 3-5 分别加入试剂。

表 3-5 激活剂对酶促反应速度影响的测定 单位：滴

试 剂	试 管 1	试 管 2	试 管 3
0.2% 淀粉	10	10	10
0.3% NaCl	3	—	—
0.3% Na_2SO_4	—	—	3
蒸馏水	—	3	—
pH 6.8 缓冲液	3	3	3
稀唾液	3	3	3

（2）分别摇匀，同时置于 37～40 ℃水浴箱中保温 10 min。

（3）各加碘液 1 滴，观察颜色并记录。

（五）酶的竞争性抑制

【原理】

竞争性抑制剂的结构与底物的结构类似，两者竞争同酶的活性中心结合，使酶的活性受到抑制。这种竞争性抑制作用的强弱受抑制剂与底物浓度的比值（即 I/S）影响，此比值大则抑制作用强，比值小则抑制作用弱。

丙二酸是琥珀酸脱氢酶的竞争性抑制剂，可抑制以下反应：

$$\underset{\text{琥珀酸}}{\begin{array}{c}COOH\\|\\CH_2\\|\\CH_2\\|\\COOH\end{array}} \xrightarrow[-2H]{\underset{\uparrow \text{抑制}}{\overset{\underset{\text{丙二酸}}{\begin{array}{c}COOH\\|\\CH_2\\|\\COOH\end{array}}}{}} \text{琥珀酸脱氢酶}} \underset{\text{延胡索酸}}{\begin{array}{c}HOOC-C-H\\||\\H-C-COOH\end{array}}$$

在体内琥珀酸经琥珀酸脱氢酶作用脱下的氢可经生物氧化体系传递给氧结合成水。本实验用甲烯蓝作受氢体,甲烯蓝接受琥珀酸脱下的氢变为甲烯白。比较各管褪色的快慢来证明丙二酸对琥珀酸脱氢酶起竞争性抑制作用。

$$甲烯蓝 + 2H^+ \longrightarrow 甲烯白$$
$$（蓝色）\qquad\qquad （白色）$$

【试剂】

（1）1%琥珀酸溶液（pH 7.4）：先用少量水溶解,再用浓 KOH 调 pH 至 7.4,然后用 pH 7.4 缓冲液定容。

（2）0.1%丙二酸（pH 7.4）：同上。

（3）0.1%甲烯蓝溶液。

（4）pH 7.4 磷酸盐缓冲液,见本实验之"（二）pH 对酶促反应速度的影响"的相关内容。

【操作】

（1）肌肉提取液的制备：取兔子一只处死,分离出肌肉,剪成小块,放入烧杯。用冷蒸馏水洗 3 次,再用冷的 1/15 mol/L pH 7.4 磷酸盐缓冲液洗涤 1 次,倾去所洗的液体。将肌肉置于匀浆器内,加入适量 1/15 mol/L pH 7.4 磷酸盐缓冲液,启动匀浆器,将肌肉打成匀浆。用双层纱布过滤,取滤液备用。

（2）按表 3-6 分别加入试剂。

表 3-6　酶的竞争性抑制作用的测定　　　　　单位：滴

试　剂	试　管　1	试　管　2	试　管　3	试　管　4
1%琥珀酸	10	10	10	20
0.1%丙二酸	—	10	20	10
蒸馏水	20	10	—	—
甲烯蓝	4	4	4	4
肌肉提取液	30	30	30	30

（3）将上述各管摇匀,静置 37 ℃水浴中保温（保温时切勿摇动!）,注意观察各管的颜色变化,记录各管颜色消退的顺序并分析。

实验二　胡萝卜素的色层分析（柱层析法）

【原理】

胡萝卜素存在于辣椒和胡萝卜等植物中，因其在动物体内可转变成维生素 A，故又称为维生素 A 原。胡萝卜素可用乙醇、石油醚和丙酮等有机溶剂从植物中提取出来，且能被氧化铝或氧化镁等所吸附。由于胡萝卜素与其他植物色素的化学结构不同，它们被氧化铝吸附的强度以及在有机溶剂中的溶解度都不相同，故将抽提液利用氧化铝吸附层析，再用石油醚等冲洗层析柱，即可分离成不同的色带。与植物色素比较，胡萝卜素吸附最差，游离在前面，故能最先被洗脱下来。

【试剂】

(1) 95%乙醇。
(2) 石油醚及1%丙酮石油醚。
(3) Al_2O_3（固体）。
(4) 无水硫酸钠。

【操作】

(1) 取干红辣椒皮 2 g，剪碎后放入研钵中，加 95%乙醇 5 mL，研磨至提取液呈深红色，再加石油醚 10 mL，研磨 3～5 min，用纱布过滤；将提取液置于 50 mL 分液漏斗中，用 20 mL 蒸馏水洗涤数次，直至水层透明为止，借以除去提取液中的乙醇。然后将红色石油醚层倒入干燥试管中，加少量无水硫酸钠除去水分，用软木塞塞紧，以免石油醚挥发。

(2) 层析柱的制备：取直径为 1 cm，高度为 16 cm 的玻璃层析管，其底部放置少量棉花并压紧。然后用吸管装入石油醚—氧化铝悬液，氧化铝即均匀沉积于管内，使其达 10 cm 高度，于其上部铺一张圆形小滤纸。将层析管垂直夹在铁架上备用。

(3) 层析：当层析柱上端石油醚尚未完全浸入氧化铝时，即用细吸管吸取石油醚提取液 1 mL 沿管壁加入层析柱上端。待提取液全部进入层析柱时，立即加入含 1%丙酮的石油醚冲洗，使吸附在柱上端的物质逐渐展开成为数条颜色不同的色带（见图 3-1）。仔细观察色带的位置、宽度与颜色，并绘图记录。

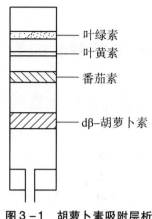

图3-1 胡萝卜素吸附层析

【注意事项】

(1) 氧化铝须先用高温处理除去水分,以提高吸附能力。
(2) 石油醚提取液中的乙醇必须洗净,否则吸附不好,色素的色带弥散不清。
(3) 展开溶媒中的丙酮可增强洗脱效果,但含量不宜过高,以免洗脱过快使色带分离不清。

实验三　激素对血糖浓度的影响及血糖测定

一、胰岛素和肾上腺素对血糖浓度的影响

【原理】

胰岛素可加强组织对葡萄糖的氧化利用，并能促进肝糖原和肌糖原的生成，因而能下调血糖水平；而肾上腺素则能通过促进肝糖原分解增加血糖含量。由此，在调控血糖方面，肾上腺素与胰岛素作用相反，当然，肾上腺素在生理上尚有其他重要作用。

因此，注射一定量胰岛素后，动物会出现低血糖休克的症状，比如抽搐、竖毛等；当动物出现低血糖休克时，立即注射一定量的肾上腺素，则动物因血糖升高而恢复正常状态。

【试剂】

(1) 兔（或小白鼠）作动物材料。
(2) 胰岛素（每毫升 80 国际单位）。
(3) 肾上腺素（1/1 000，即每毫升含 1 毫克）。
(4) 50% 葡萄糖液。
(5) 注射用水。

【操作】

1. 胰岛素试验
(1) 先称量动物体重。
(2) 计算胰岛素注射剂量：
兔：按照每公斤体重 10 国际单位计算。
小白鼠：每只小白鼠分别注射 2～4 国际单位胰岛素。
(3) 于动物静脉或皮下注射胰岛素。记录注射量及注射时间。
(4) 给动物注射胰岛素后，在 60 min 前后，注意观察动物的反常情况（即动、静情况）。

2. 肾上腺素试验
(1) 兔或小白鼠按照每公斤体重皮下注射 0.25 mg 计算。
(2) 当动物注射胰岛素后出现抽搐及低血糖休克，立即注射肾上腺素，并观察动物反应情况。

必要时，用50%葡萄糖液急救。

3. 动物取血进行血糖测定

按附录六进行动物采血、全血标本处理。

二、血糖测定

（一）福林—吴法测定血糖

【原理】

（1）测定血糖须对血样进行预处理，先除去血液中的血红素和蛋白质。用H_2SO_4与Na_2WO_4作用生成钨酸，钨酸使蛋白质析出沉淀，过滤除去沉淀后，即得到无蛋白血滤液，供测血糖之用。

（2）本法利用葡萄糖的还原性，在与碱性铜试剂共同加热时，使铜离子（Cu^{2+}）还原为亚铜离子（Cu^+）。氧化亚铜再使磷钼酸还原成钼蓝（蓝色），蓝色的深浅与葡萄糖浓度成正比。与同样处理的已知浓度的标准葡萄糖液比色，可求出血中葡萄糖的浓度。

$$葡萄糖 + Cu^{2+} = 葡萄糖酸 + Cu_2O$$
$$\downarrow$$
$$Cu_2O + 磷钼酸 = Cu^{2+} + 钼蓝（蓝色）$$

（3）比色法原理：详见第二章之"三、分光光度法"的相关内容。

【试剂】

（1）1/3 mol/L 硫酸：取已标定的 1/2 mol/L 硫酸 2 份，加蒸馏水 1 份，混合。

（2）10% 钨酸钠溶液：称取钨酸钠（$Na_2WO_4 \cdot 2H_2O$）100 g，用蒸馏水溶解并稀释至 1 000 mL。

（3）标准葡萄糖溶液（0.1 mg/mL）。

1）饱和苯甲酸溶液：称取苯甲酸 2.5 g，加入蒸馏水 1 L 中，煮沸使溶解。冷却后盛于试剂瓶中备用。

2）标准葡萄糖贮存液（10 mg/mL）：将少量无水葡萄糖（AR）置于硫酸干燥器内一夜。精确称取此葡萄糖 1.000 g，以饱和苯甲酸溶液溶解并转移至 100 mL 容量瓶内，再以饱和苯甲酸溶液稀释至 100 mL 刻度。置冰箱内保存，备用。

3）标准葡萄糖溶液（0.1 mg/mL）：准确吸取标准葡萄糖贮存液 1.0 mL，置于 100 mL 容量瓶内，以饱和苯甲酸溶液稀释，定容至 100 mL 刻度线。

（4）碱性铜试剂：在蒸馏水 400 mL 中加入无水碳酸钠 40 g；在蒸馏水 300 mL 中加入酒石酸 7.5 g；在蒸馏水 200 mL 中加入硫酸铜结晶（$CuSO_4 \cdot 5H_2O$）4.5 g。以上分别加热使溶解。冷却后将酒石酸溶液倾入碳酸钠溶液中，混合，再将硫酸铜溶液倾入，并加蒸馏水使总量为 1 L。此试剂可在室温下长期保存，如放置数周后有沉淀产生，可用优质滤纸过滤后再使用。

（5）磷钼酸试剂：在烧杯内加入钼酸 70 g、钨酸钠 10 g、10% 氢氧化钠溶液 400 mL 及蒸馏水 400 mL。煮沸 20～40 min 以除去钼酸内可能存在的氨。冷却后转移至 1 L 容量瓶内。加浓磷酸（85%）250 mL，混合。最后以蒸馏水稀释至 1 L。

【操作】

1. 制备无蛋白血滤液

（1）取 50 mL 容量的三角烧瓶，加蒸馏水 7 mL。

（2）用精密可调移液器准确吸取抗凝血 1 mL，擦去吸管外表的血液，加入锥形瓶，反复多次吸取锥形瓶内液体，洗掉枪头内壁上的血样。充分混匀，使血细胞完全溶解。

（3）加 1/3 mol/L 硫酸 1 mL，随加随摇。

（4）加 10% 钨酸钠 1 mL，随加随摇。

（5）用滤纸过滤，即得无蛋白血滤液。过滤所用滤纸、漏斗及试管均需干燥。所得滤液应澄清，否则表明反应不充分或过滤不彻底，须重复过滤。

2. 测血糖

取血糖管 3 支（注：血糖管为一特制试管，管末端球形，管本身与球部之间拉长成颈状，目的为减少反应物与空气接触，避免反应物重新氧化），分别标上"测定"、"标准"和"空白"标签。按表 3-7 操作。

表 3-7 血糖的测定　　　　　　　　　　　　　　单位：mL

试　剂	空　白　管	标　准　管	测　定　管
无蛋白血滤液	—	—	2.0
标准葡萄糖液	—	2.0	—
蒸馏水	2.0	—	—
碱性铜液	2.0	2.0	2.0
摇匀，置沸水浴中煮 8 min，取出，放在冷水中冷却 3 min（勿摇动血糖管）			
磷钼酸试剂	2.0	2.0	2.0
混匀后放置 2 min（有 CO_2 逸出）			
蒸馏水加至	25.0	25.0	25.0
颠倒充分混匀后，用 620 nm 波长或红色滤光片进行比色。以空白管校正光密度到"0"点，读取各管光密度数			

3. 计算

$$C = (A_{测}/A_{标})C_{标} n$$

$$C(\text{mg/L}) = (A_{测}/A_{标}) \times (0.1 \times 1000) \times 10$$

式中：C 为血糖浓度（单位同标准溶液）；$A_{测}$ 为测定管光密度；$A_{标}$ 为标准管光密度；n 为稀释倍数。以单位 mg/L 折算成法定单位 mmol/L 应乘以系数 0.005 5。

【注意事项】

针对 3 支血糖管的操作应平行一致，包括加样顺序、反应时间及摇匀方法等。

（二）葡萄糖氧化酶（GOD - POD）法测定血清（浆）葡萄糖

GOD - POD 法是临床生化检验常用方法。该法测定葡萄糖特异性非常强，从原理反应式中可知第一步是特异反应，第二步特异性较差。误差往往发生在反应的第二步。一些还原性物质如尿酸、维生素 C、胆红素和谷胱甘肽等，可与色原性（作为氧受体能与过氧化氢反应生成有色物质的特性）物质竞争过氧化氢，从而消耗反应过程中所产生的过氧化氢，产生竞争性抑制，使测定结果偏低。

【原理】

葡萄糖氧化酶（glucose oxidase，GOD）利用氧和水将葡萄糖氧化为葡萄糖酸，并释放过氧化氢。过氧化物酶（peroxidase，POD）在色原性氧受体 4 - 氨基安替比林（4 - AAP）存在时将过氧化氢分解为水和氧，并使 4 - AAP 和酚去氢缩合为红色醌类化合物，即 Trinder 反应。红色醌类化合物的生成量与葡萄糖含量成正比。

$$葡萄糖 + O_2 \xrightarrow{GOD} 葡萄糖酸 + H_2O_2$$
$$H_2O_2 + 4\text{-}AAP + 酚 \xrightarrow{POD} 红色醌类化合物 + 2H_2O$$

【试剂】

（1）0.1 mol/L 磷酸盐缓冲液（pH 7.0）：称取无水磷酸氢二钠 8.67 g 及无水磷酸二氢钾 5.3 g 溶于蒸馏水 800 mL 中，用 1 mol/L 氢氧化钠（或 1 mol/L 盐酸）调 pH 至 7.0，用蒸馏水定容至 1 L。

（2）酶试剂：按酶制剂上标注的比活性（U/mg）计算出酶的用量（mg），称取过氧化物酶 1 200 U、葡萄糖氧化酶 1 200 U、4 - AAP 10 mg、叠氮钠 100 mg，溶于磷酸盐缓冲液 80 mL 中，用 1 mol/L NaOH 调 pH 至 7.0，用磷酸盐缓冲液定容至 100 mL，置 4 ℃保存，可稳定 3 个月。

（3）酚溶液：称取重蒸馏酚 100 mg 溶于蒸馏水 100 mL 中，用棕色瓶贮存。

（4）酶酚混合试剂：酶试剂及酚溶液等量混合，4 ℃可以存放 1 个月。

（5）12 mmol/L 苯甲酸溶液：溶解苯甲酸 1.4 g 于蒸馏水约 800 mL 中，加温助溶，冷却后加蒸馏水定容至 1 L。

（6）100 mmol/L 葡萄糖标准贮存液：称取已干燥恒重的无水葡萄糖 1.802 g，溶于 12 mmol/L 苯甲酸溶液约 70 mL 中，以 12 mmol/L 苯甲酸溶液定容至 100 mL。

2 h 以后方可使用。

（7）5 mmol/L 葡萄糖标准应用液：吸取葡萄糖标准贮存液 5.0 mL 于 100 mL 容量瓶中，用 12 mmol/L 苯甲酸溶液稀释至刻度，混匀。

【操作】

（1）自动分析法：按仪器说明书的要求进行测定。
（2）手工操作法：取试管 3 支，按表 3 - 8 加入试剂。

表 3 - 8　葡萄糖氧化酶法测血糖　　　　　　　单位：mL

加 入 物	空 白 管	标 准 管	测 定 管
血清	—	—	0.02
标准应用液	—	0.02	—
蒸馏水	0.02	—	—
酶酚混合试剂	3.00	3.00	3.00

混匀，置 37 ℃ 水浴中，保温 15 min，在波长 505 nm 处比色，以空白管调零，读取标准管及测定管吸光度。

（3）计算：

$$C(\text{mmol/L}) = (A_{测}/A_{标})C_{标}$$

式中：C 为血糖浓度，单位对应于标准溶液；$A_{测}$ 为测定管光密度；$A_{标}$ 为标准管光密度；$C_{标}$ 为葡萄糖标准应用液的浓度。

正常参考范围：空腹血清葡萄糖为 3.89 ~ 6.11 mmol/L。

【临床意义】

1. 生理性高血糖

生理性高血糖可见于摄入高糖食物后或情绪紧张肾上腺分泌增加时。

2. 病理性高血糖

（1）糖尿病：病理性高血糖常见于胰岛素绝对或相对不足的糖尿病患者。
（2）内分泌腺功能障碍：甲状腺功能亢进、肾上腺皮质功能及髓质功能亢进引起的各种对抗胰岛素的激素分泌过多也会出现高血糖。注意，升高血糖的激素增多引起的高血糖，现已归入特异性糖尿病中。
（3）颅内压增高：颅内压增高刺激血糖中枢引起高血糖，如颅外伤、颅内出血、脑膜炎等。
（4）脱水引起的高血糖：如呕吐、腹泻和高热等也可使血糖轻度增高。

3. 生理性低血糖

生理性低血糖见于饥饿和剧烈运动。

4. 病理性低血糖

特发性功能性低血糖最多见，依次是药源性、肝源性、胰岛素瘤等。

（1）胰岛素过高：β细胞增生或胰岛β细胞瘤等，使胰岛素分泌过多。

（2）对抗胰岛素的激素分泌不足，如垂体前叶功能减退、肾上腺皮质功能减退和甲状腺功能减退而使生长素、肾上腺皮质激素分泌减少。

（3）严重肝病患者，由于肝脏储存糖原及糖异生等功能低下，肝脏不能有效地调节血糖。

【注意事项】

（1）葡萄糖氧化酶对β–D葡萄糖高度特异，溶液中的葡萄糖约36%为α型，64%为β型。葡萄糖的完全氧化需要α型到β型的变旋反应。国外某些商品葡萄糖氧化酶试剂盒含有葡萄糖变旋酶，可加速这一反应，但在终点法中，延长孵育时间可达到完成自发变旋过程。新配制的葡萄糖标准液主要是α型，故须放置2 h以上（最好过夜），待变旋平衡后方可应用。

注：生化检验指标的测定方法有很多，如终点法、免疫比浊法、动力学法、固定时间法等，本法是终点法，是临床用全自动生化分析仪同时对大量样品进行快速检测的常用方法。

终点法是根据反应达到终点时反应产物的吸收光谱特征及其吸光度大小，对物质进行定量分析的方法。对一般化学反应来说，反应完全或正、逆反应达到动态平衡，反应产物稳定时为反应终点。对抗原—抗体反应来说，是抗原和抗体完全反应、形成最大且稳定的免疫复合物时为终点。在反应时间进程曲线上为与x轴平行的线区段。

（2）葡萄糖氧化酶法可直接测定脑脊液中葡萄糖含量，但不能直接测定尿液中葡萄糖含量。因为尿液中尿酸等干扰物质浓度过高，可干扰过氧化物酶反应，造成结果假性偏低。

（3）测定标本以草酸钾—氟化钠为抗凝剂的血浆较好。取草酸钾6 g、氟化钠4 g，加水溶解至100 mL。吸取0.1 mL于试管内，在80 ℃以下烤干使用，可使2～3 mL血液在3～4 d内不凝固并抑制糖分解。

（4）本法用血量甚微，操作中应直接加标本至试剂中，再吸试剂反复冲洗吸管，以保证结果可靠。

（5）严重黄疸、溶血及乳糜样血清应先制备无蛋白血滤液，然后再进行测定。

实验四　血清甘油三酯测定

一、氯仿提取、硅酸吸附磷脂、变色酸显色法

【原理】

本法以氯仿、甲醇抽提血清甘油三酯（TG），加盐水洗后分层，吸出氯仿层用硅酸吸附磷脂。以氢氧化钾皂化甘油三酯为甘油和游离脂肪酸，过碘酸氧化甘油产生甲醛，在570 nm测定甲醛与变色酸反应产生的颜色。

【试剂】

（1）抽提液：氯仿和甲醇按2:1体积比混合，均用分析纯试剂，必要时去醛重蒸馏。

（2）氯仿（AR）。

（3）硅酸：研磨筛取80～100目部分，置100～120 ℃烘箱内活化8 h，放在干燥器内保存。

（4）20 g/L氢氧化钾溶液。

（5）饱和氯化钠溶液。

（6）0.1 mol/L硫酸。

（7）氧化剂（0.025 mol/L过碘酸）：称取过碘酸0.57 g，以蒸馏水溶解并稀释成100 mL，贮存冰箱中约用半月。

（8）还原剂：称取三氧化二砷5 g及氢氧化钠2.25 g，用蒸馏水溶解并稀释成100 mL。

（9）显色剂：

1）称取变色酸1 g，用蒸馏水溶解后，滤去不溶物并稀释成100 mL。

2）取浓硫酸（AR，相对密度1.84）2份（按容积计），缓缓加入1份蒸馏水中，混合（冷至室温后用），硫酸浓度为11.9 mol/L。

3）取1%变色酸1份、11.9 mol/L硫酸4份，混合，即为显色剂，贮于棕色瓶中可长期保存。

（10）甘油三酯标准液：

1）贮存液（10 mg/mL）：准确称取纯甘油三酯1.000 g，溶于去醛乙醇，在室温（20 ℃左右）用去醛乙醇稀释至100 mL。冰箱保存。

2）应用液（0.2 mg/mL）：取室温（20 ℃）贮存液2 mL，在20 ℃时用去醛乙醇稀释至100 mL。冰箱保存，使用时应先复温到20 ℃左右再吸取。

【操作】

（1）抽提和吸附磷脂：取血清 0.2 mL，放入一有磨砂玻璃塞的试管中，向管底吹入氯仿—甲醇混合液 6 mL，加塞后充分振摇 3 min，室温放置 10 min 后再振摇混合，离心。吸取上层清液 5 mL，加至另一清洁有塞试管中，加入饱和氯化钠液 10 mL，混合后离心。用滴管吸取下层氯仿液，用小漏斗及小片滤纸过滤至另一清洁有塞试管中，随即加入硅酸 0.2 g，振摇片刻，离心后准确吸出氯仿液 1 mL，加至一普通试管（15 mm×150 mm）中。

（2）皂化：将上述氯仿液在水浴中加热挥发至干，水温应逐渐上升，以免氯仿挥发过速而致溅出管外。同时另取试管（15 mm×150 mm）2 支，一作标准管，一作空白管。各管分别加入去醛乙醇 0.5 mL，标准管中加入三油酸甘油酯（甘油三酯的一种主要类型）应用标准液 0.5 mL。向各管中加入 2% 氢氧化钾溶液 0.1 mL，混匀后置 60～70 ℃ 水浴中皂化 20 min，然后逐渐升高水温，使乙醇挥发至干（待水沸后约 5～8 min，煮沸时间不可过长，用氮气吹干则更好）。

（3）准确加入 0.1 mol/L 硫酸 1 mL 至各管中，充分振摇使试管内壁上的附着物洗下，此时硫酸液变浑，可加入氯仿 1 mL，充分摇动，然后离心片刻，上层酸液即完全清澈。

（4）准确吸取上层硫酸液 0.5 mL，分别放入另一组清洁试管中。各管分别加入氧化剂 50 μL，混匀，放置暗处 10 min，之后加入还原剂 50 μL 以还原剩余的过碘酸。

（5）各管中分别加入显色剂 2 mL，充分混合，置沸水浴中加热 30 min，冷却后比色。波长 570 nm，以空白管校正吸光度到零，读取各管吸光度。

（6）计算：

$$C = (A_{测}/A_{标})C_{标}\ n$$
$$C(\text{mg/dL}) = (A_{测}/A_{标}) \times 0.2 \times 100$$

式中：C 为血清甘油三酯浓度，单位对应于标准溶液；$A_{测}$ 为测定管光密度；$A_{标}$ 为标准管光密度；$C_{标}$ 为标准管浓度；n 为稀释倍数；dL 为 100 mL，以常用单位 mg/dL 折算成法定单位 mmol/L 应乘以系数 0.011 29。

【注意事项】

（1）本法为修改的 Van Handel 法，除抽提步骤稍作变动外（以氯仿—甲醇代替氯仿抽提，吸附剂由硅镁型吸附剂改为硅酸），其余均同 Van Handel 法。吸附磷脂的效果与脂溶剂和吸附剂的选择有关，氯仿溶液中用硅酸也可达到与硅镁型吸附剂同样的吸附效果，即使血清磷脂高达 1 000 mg/dL 也能吸附完全。

（2）省略皂化步骤的标本空白测定与试剂空白读数基本一致，可见用本法时血清中其他能生成醛的物质的干扰不明显。本法抽提液已去除游离甘油。

（3）皂化后用 0.1 mol/L 硫酸溶解甘油，因脂肪酸不溶于酸而呈混浊，加氯仿去混浊这一步可以保证最后比色液不浑。这一步骤所用氯仿可以预先用 0.1 mol/L 硫酸洗过，以免在测定过程中带进干扰物。

（4）由于本试验重复性好，故每天标准管读数应基本一致，如果读数偏低，首先应考虑过碘溶液是否失效。

（5）市售变色酸钠往往不纯，带棕褐色者不宜采用。

（6）标准曲线在吸光度 1.00 以上时也能符合比尔定律，故本法测定范围至少可达 6.8 mmol/L（600 mg/dL），血脂过高者（血清明显混浊）可减量操作。显色后颜色很稳定，放室温暗处 1 d 内吸光度无明显改变。

（7）标准可以用三软脂酸酯代替三油酸酯，前者的优点是不易形成过氧化物。

（8）血清甘油三酯浓度很容易受饮食影响，除脂肪餐外，进食大量碳水化合物也能使血中甘油三酯升高。国外书刊中很强调受检者的准备，主张 3 周内不改变饮食习惯，体重在稳定状态，取血前至少 12 h 不进食、72 h 不饮酒，标本最好在新鲜时测定。

二、磷酸甘油氧化酶（GPO‑POD）法

【原理】

血清中甘油三酯经脂蛋白脂酶（LPL）作用，可水解为甘油和游离脂肪酸（FFA），甘油在 ATP 和甘油激酶（GK）的作用下生成 3‑磷酸甘油，再经磷酸甘油氧化酶（GPO）作用生成磷酸二羟丙酮和过氧化氢，过氧化氢与 4‑氨基安替比林（4‑AAP）和 4‑氯酚在过氧化物酶（POD）作用下，生成红色醌类化合物，其显色程度与 TG 的浓度成正比。这是目前临床生化检测常用的方法。

【试剂】

（1）甘油三酯测定用的液体稳定酶试剂：

酶缓冲液（pH = 7.2）	50 mmol/L；
脂蛋白脂酶	≥4 000 U/L；
甘油激酶	≥40 U/L；
磷酸甘油氧化酶	≥500 U/L；
过氧化物酶	≥2 000 U/L；
ATP	2.0 mmol/L；
硫酸镁	15 mmol/L；
4‑AAP	0.4 mmol/L；
4‑氯酚	4.0 mmol/L。

（2）三油酸甘油酯标准液 2.26 mmol/L（200 mg/dL）：准确称取三油酸甘油酯

（平均相对分子质量为885.4）200 mg，加 Triton X-100 5 mL，用蒸馏水定容至100 mL，分装，4℃保存。

【操作】

（1）取3支试管按表3-9加入试剂。

表3-9 磷酸甘油氧化酶法测定甘油三酯　　　　单位：μL

试　剂	空　白　管	标　准　管	测　定　管
血清	—	—	10
标准应用液	—	10	—
蒸馏水	10	—	—
酶试剂	1 000	1 000	1 000

混匀，置37℃水浴保温5 min，以空白管调零，在波长500 nm处测各管的吸光度。

（2）计算：

$$C_{TG}(\text{mmol/L}) = (A_{测}/A_{标})C_{标}$$

参考范围：正常成人血清TG浓度范围为0.55～1.70 mmol/L（48.5～150 mg/dL）。

临界值：1.71～2.29 mmol/L（150～200 mg/dL）。

高TG血症：＞2.29 mmol/L（200 mg/dL）。

危险阈值：4.50 mmol/L。

【临床意义】

血清甘油三酯TG的定量测定是临床血脂分析的重要指标。血清中甘油三酯的含量随年龄增长而有上升的趋势，尤其是体重超过标准的中年以上年龄的人往往偏高。进食脂肪后，血清中甘油三酯上升，并可出现混浊，显示乳糜微粒增多。正常成人空腹时每kg体重按1 g进食脂肪，一般2～4 h内血清甘油三酯达最高峰，8 h后恢复正常；脂肪清除作用差的人，清除时间延长。原发性或继发性甘油三酯增高症、高脂蛋白血症、动脉粥样硬化、糖尿病、甲状腺功能减退、急性胰腺炎、糖原积累病、胆道梗阻、家族性脂类代谢紊乱以及肾病综合征等，常见血清甘油三酯含量增高。而原发性β-脂蛋白缺乏症、甲状腺机能亢进、肾上腺皮质机能减退以及消化吸收不良等，则血清甘油三酯含量会降低。

实验五　血清总胆固醇测定

一、硫磷铁法测定血清总胆固醇

【原理】

（1）用无水乙醇提取血清中的胆固醇，血清经无水乙醇处理，蛋白质被沉淀，胆固醇及其酯溶解在无水乙醇中。在乙醇提取液中，加磷硫铁试剂，胆固醇及其酯与试剂形成比较稳定的紫红色化合物，此物质在 560 nm 波长处有特征吸收峰，呈色度与胆固醇含量成正比，可用比色法作总胆固醇的定量测定。

（2）离心技术原理：详见第二章之"四、离心技术"的相关内容。

【试剂】

（1）无水乙醇（AR）。

（2）三氯化铁贮备液：称取三氯化铁（$FeCl_3 \cdot 6H_2O$）2 g，经研碎溶于 100 mL 浓磷酸中，1 d 后即可完全溶解。放于暗处，至少可用 1 年。

（3）硫磷铁试剂：取上述 2% $FeCl_3$ 8 mL，放入 100 mL 容量瓶内，加浓硫酸至刻度，混合，放置暗处，约可使用 2 个月。如出现沉淀，应重新配制。

（4）胆固醇标准贮备液（3 mg/mL）：准确称取重结晶、干燥的胆固醇 300 mg，溶于无水乙醇中至 100 mL。

（5）胆固醇标准应用液（30 μg/mL）：取上述贮备液 1 mL 放入 100 mL 容量瓶内，加无水乙醇至刻度。

【操作】

（1）取离心管 1 支，准确加入血清 0.1 mL，再向管底加入无水乙醇 4.9 mL。盖上盖子，无盖离心管用玻璃纸堵住管口，用力振摇 15 s，室温放置 5 min 后再振摇混匀，2 000 r/min 离心 5 min，取上清液备用。

（2）取干燥试管 3 支，编号。

（3）各管中分别按表 3 – 10 加试剂。

硫磷铁试剂须沿管壁缓缓加入，与乙醇液分成两层，立即迅速振摇 20 次，放置 10 min（冷却至室温）后，于 520 nm 进行比色，以空白管调零读取各管吸光度。

表3-10 硫磷铁法测定血清总胆固醇　　　　　　　　　　　单位：mL

试　　剂	测　定　管	标　准　管	空　白　管
乙醇抽提液	3	—	—
胆固醇标准应用液	—	3	—
无水乙醇	—	—	3
硫磷铁试剂	3	3	3

（4）计算：

$$C = (A_{测}/A_{标})C_{标}\, n$$
$$C(\text{mmol/L}) = (A_{测}/A_{标}) \times 30 \times (100/1000) \times (5/0.1) \times 0.026$$
$$= (A_{测}/A_{标}) \times 150 \times 0.026$$

式中：C 为胆固醇浓度，单位与标准溶液对应；$A_{测}$ 为测定管吸光度；$A_{标}$ 为标准管吸光度；n 为稀释倍数。计算公式中的 0.026 为 mg/dL 转换成 mmol/L 的系数。

【注意事项】

（1）颜色反应与加硫磷铁试剂混合时的产热程度有关，因此，所用试管口径及厚度要一致；加硫磷铁试剂时必须与乙醇分成两层，然后混合，不能边加边摇，否则显色不完全；硫磷铁试剂要加一管混合一管，混合的手法、程度也要一致。

（2）所用试管和比色杯均须干燥。浓硫酸的质量很重要，放置日久，往往由于吸收水分而使颜色反应降低。

（3）空白管应接近无色，如带橙黄色，表示乙醇不纯，应作去醛处理。

二、胆固醇氧化酶（COD-POD）法测定血清总胆固醇和 HDL-c

【原理】

血清中胆固醇酯被胆固醇酯酶水解为游离胆固醇和脂肪酸，胆固醇被胆固醇氧化酶（COD）氧化为 4-胆甾烯酮和 H_2O_2，后者参与 Trinder 反应生成红色化合物，可用比色法测出胆固醇浓度。

$$胆固醇酯 + H_2O \xrightarrow{胆固醇酯酶} 胆固醇 + 脂肪酸$$
$$胆固醇 + O_2 \xrightarrow{胆固醇氧化酶} 胆甾烯酮 + H_2O_2$$
$$H_2O_2 + 4\text{-AAP} + 酚 \xrightarrow{过氧化物酶} 醌亚胺 + H_2O$$

高密度脂蛋白胆固醇（HDL-c）和低密度脂蛋白胆固醇（LDL-c）测定先用选择性沉淀法分离后再用 COD-POD 酶法。HDL-c 测定常用的沉淀剂多为阴离子如磷钨酸（PTA）、硫酸葡聚糖（DS）、肝素（Hep），或非离子多聚体如聚乙二醇

（PEG），与某些两价阳离子如 Mg^{2+}、Ca^{2+}、Mn^{2+} 等合用，能使除 HDL 外含 apoB 的所有脂蛋白[CM、VLDL、IDL、LDL 和 Lp(a)]都沉淀，离心上清液中 HDL-c 采用 COD-POD 法测定。其中 PTA-Mg^{2+} 法不干扰酶法测定，且试剂易得，对高 TG 血清也能完全沉淀，在国内目前临床实验室中占首位（61.8%），是应用最多的方法；其次为 PEG 6000 法（占 24.3%）。同理，LDL-c 的测定用 LDL 特异的沉淀剂聚乙烯硫酸沉淀法（PVS 法）。

【试剂】

（1）HDL-c 选择性沉淀剂：PTA-Mg^{2+}。
（2）胆固醇标准应用液：含稳定剂的胆固醇标准品液体。
（3）胆固醇测定酶混合试剂：含 4-氨基安替比林（4-AAP）、混合酶、酚衍生物。

【操作】

（1）用试管收集血液后，1 000 g 离心 10 min，迅速分离血清和血细胞。
（2）取 2 支试管分别加入 0.2 mL 的血清和标准胆固醇溶液，并分别标注为"H"和"SH"试管。往每支试管加入 0.2 mL 的沉淀剂，在室温下静置 15 min，2 000 r/min 离心 10 min。取离心上层清液。
（3）准备 5 支试管分别标注为"T"（总胆固醇）、"H"（高密度脂蛋白胆固醇）、"ST"（标准总胆固醇）、"SH"（标准高密度脂蛋白胆固醇）、"B"（空白实验）。按照表 3-11 将试剂加至各支试管（标准胆固醇浓度为 50 mg/dL）。

表 3-11　COD-POD 法测定血清总胆固醇和 HDL-c　　　　单位：μL

试　剂	管　号 T	管　号 ST	管　号 H	管　号 SH	管　号 B
离心上层清液	—	—	200	200	—
血清	100	—	—	—	—
胆固醇标准应用液	—	100	—	—	—
蒸馏水	100	100	—	—	200
酶混合试剂	200	200	200	200	200

混匀，37 ℃水浴 20 min，546 nm 波长，以空白管调零，测定各管吸光度。
（4）计算：

$$C = (A_{测}/A_{标})C_{标} n$$

式中：C 为胆固醇浓度，单位与标准溶液对应；$A_{测}$ 为测定管光密度；$A_{标}$ 为标准管光密度；$C_{标}$ 为标准胆固醇质量浓度；n 为稀释倍数。

成人血清总胆固醇的正常浓度范围为 2.8～5.2 mmol/L（110～200 mg/dL）。

【临床意义】

总胆固醇增高常见于以下疾病：①甲状腺功能减退、动脉硬化、冠状动脉粥样硬化心脏病及高脂血症等。②糖尿病，特别是并发糖尿病昏迷时，几乎都有总胆固醇升高。③慢性肾炎肾病期、肾病综合征、类脂性肾病等。④胆总管阻塞时，总胆固醇增高且伴有黄疸，但胆固醇与总胆固醇的比值仍正常。⑤长期高脂饮食、精神紧张或女性妊娠期，总胆固醇也可升高。⑥家族性高总胆固醇血症（低密度脂蛋白受体缺乏）、家族性载脂蛋白β缺乏症、混合性高脂蛋白血症。

总胆固醇降低常见于以下疾病：①甲状腺功能亢进、营养不良、慢性消耗性疾病。②家族性无或低β脂蛋白血症。

【注意事项】

样品中胆固醇浓度大于 13 mmol/L 时，可用生理盐水稀释后再重新测定，结果乘以稀释倍数。

实验六 蛋白质的提取纯化和总量测定

一、蛋白质提取纯化（RIPA 法）

【原理】

RIPA 是一种传统的细胞组织快速裂解液，裂解得到的蛋白样品可以用于常规的免疫印迹分析（Western blot）等。主要成分为 NP-40（壬基酚聚氧乙烯醚）和 SDS（十二烷基硫酸钠），均是较温和的去垢剂，能温和裂解细胞。

【试剂】

RIPA：50 mmol/L Tris（pH 7.4）、150 mmol/L NaCl、1% NP-40、0.1% SDS。

【操作】

1. 制备细胞裂解产物

（1）800 g 4 ℃ 离心 5 min，收集细胞，估计细胞离心后的体积（PCV，10^6 cells ≈ 20 μL，10^7 cells ≈ 100 μL）。

（2）每 50～100 μL PCV 加入 5 倍体积的蛋白裂解液（250～500 μL），冰浴中放置 10 min，且每隔 5 min 在漩涡混合仪上振荡 30 s。

（3）12 000 g 4 ℃ 离心 10 min，将上清转移到新的离心管中，即得细胞总蛋白产物。

（4）假如所得蛋白产物较为黏稠，可 95 ℃ 加热 5 min，然后迅速冰浴 5 min，12 000 g 4 ℃ 离心 10 min，将上清转移到新的离心管中，即得细胞总蛋白产物。

2. 制备组织裂解产物

（1）取 50～100 mg 组织在冰上剪成碎片，用预冷的 PBS 洗涤 2 次，离心弃 PBS。

（2）加入 0.5～1.0 mL 预冷的蛋白裂解液。

（3）4 ℃ 用玻璃匀浆器匀浆 20～40 次，直到 95% 的细胞被破碎，然后在冰浴中放置 10 min，且每隔 5 min 在漩涡混合仪上振荡 30 s。

（4）12 000 g 4 ℃ 离心 10 min，将上清转移到新的离心管中，即得组织总蛋白产物。

（5）假如所得蛋白产物较为黏稠，可 95 ℃ 加热 5 min，然后迅速冰浴 5 min，12 000 g 4 ℃ 离心 10 min，将上清转移到新的离心管中，即得组织总蛋白产物。

(6) 纯化的蛋白产物保存于 -80 ℃或 -20 ℃（保存时间较短时）。

【注意事项】

(1) 在转移上清液时不要吸入底部的沉淀物。

(2) 在做免疫沉淀或免疫共沉淀时，最好在实验前进行蛋白的提取，以避免某些不稳定蛋白的降解。

(3) 为了保证蛋白的稳定性，可以加入蛋白酶抑制剂。取适当量的裂解液，在使用前数分钟内加入蛋白酶抑制剂 PMSF，使 PMSF 的最终浓度为 1 mmol/L。

(4) 裂解蛋白的所有步骤都须在冰上或 4 ℃进行。

二、蛋白质的总量测定 [Lowry 法、考马斯亮蓝 G-250 染色法、紫外分光光度法、双缩脲法和凯氏（Kjeldahl）定氮法]

蛋白质的定量分析是生物化学和其他生命学科最常涉及的分析内容，是临床上诊断疾病及检查康复情况的重要指标，也是多种生物制品、药物、食品质量检测的重要指标。在生物化学实验中，对样品中的蛋白质进行准确可靠的定量分析，则是经常进行的一项非常重要的工作。蛋白质是一种十分重要的生物大分子，它的种类很多，结构不均一，相对分子质量又相差很大，功能各异，这样就给建立一个理想而又通用的蛋白质定量分析的方法带来了许多困难。目前测定蛋白质含量的方法有很多种，下面列出根据蛋白质不同性质建立的一些蛋白质测定方法。

根据物理性质：紫外分光光度法。

根据化学性质：凯氏定氮法、双缩脲法、Lowry 法（即 Folin - 酚试剂法）、BCA 法、胶体金法。

根据染色性质：考马斯亮蓝 G-250 染色法、银染法。

根据其他性质：荧光法。

蛋白质测定的方法虽然很多，但每种方法都有其特点和局限性，因而需要在了解各种方法的基础上根据不同情况选用恰当的方法，以满足不同的要求。例如凯氏定氮法结果最精确，但操作复杂，用于大批量样品的测试则不太合适；双缩脲法操作简单，线性关系好，但灵敏度差，样品需要量大，测量范围窄，因此在科研上的应用受到限制；Lowry 法弥补了双缩脲法的缺点，因而在科研中被广泛采用，但是它的干扰因素多；考马斯亮蓝 G-250 染色法因其灵敏而又简便，开始重新受到关注；BCA 法则以其试剂稳定、抗干扰能力较强、结果稳定、灵敏度高而受到欢迎；胶体金法具有较高的灵敏度，可达到纳克（ng）级水平，用于微量蛋白的测定。各种方法的比较见表 3-12。

表3-12 常用测定蛋白质含量方法的比较

方法	测定范围/($\mu g \cdot mL^{-1}$)	不同种类蛋白的差异	最大吸收波长/nm	特点
凯氏定氮法	—	小	—	标准方法,准确,操作麻烦,费时,灵敏度低,适用于标准的测定
紫外分光光度法	100～1 000	大	280	灵敏度高,快速,不消耗样品,核酸类物质对其有影响
双缩脲法	1 000～10 000	小	540	重复性好,线性关系好,灵敏度低,测定范围窄,样品需要量大
Lowry法	20～500	大	750	灵敏度高,费时较长,干扰物质多
考马斯亮蓝G-250	50～500	大	595	灵敏度高,稳定,误差较大,颜色会转移
BCA法	50～500	大	562	灵敏度高,稳定,干扰因素少,费时较长

(一) Lowry法(即Folin-酚试剂法)

Lowry法的特点是灵敏度高,较双缩脲高两个数量级,较紫外法略高,操作稍微麻烦,反应约在15 min有最大显色,并最少可稳定几个小时;不足之处是干扰因素较多,有较多种类的物质会影响测定结果的准确性。

【原理】

蛋白质中含有酚基的酪氨酸,可与酚试剂中的磷钼钨酸作用产生蓝色化合物,颜色深浅与蛋白含量成正比。目前实验室较多用Folin-酚试剂法测定蛋白质含量。

【试剂】

(1) 碱性铜溶液:

甲液:Na_2CO_3 2 g溶于0.1 mol/L NaOH 100 mL溶液中。

乙液:$CuSO_4 \cdot 5H_2O$ 0.5 g溶于1%酒石酸钾100 mL中。

取甲液50 mL、乙液1 mL混合。此液只能临用前配制。

(2) 酚试剂:取$Na_2WO_4 \cdot 2H_2O$ 100 g和$Na_2MoO_3 \cdot 2H_2O$ 25 g,溶于蒸馏水700 mL中,再加85% H_3PO_4 50 mL和HCl(浓)100 mL。将上述溶液混合后,置于1 500 mL圆底烧瓶中温和地回流10 h,再加硫酸锂($Li_2SO_4 \cdot H_2O$)150 g、水50 mL及溴水数滴,继续沸腾15 min以除去剩余的溴。冷却后稀释至1 000 mL,然后过滤,溶液应呈黄色(如带绿色则不能用),置于棕色瓶中保存。使用标准NaOH滴定,以酚酞为指示液,而后稀释约一倍,使最后浓度为1 mol/L。

（3）蛋白标准液（0.1 mg/mL）：准确称取 10 mg 牛血清蛋白，在 100 mL 容量瓶中加生理盐水至刻度，溶后分装，放于 -20 ℃ 冰箱保存。

【操作】

1. 标准曲线的制备

按表 3-13 操作，在试管中分别加入 0、0.2、0.4、0.6、0.8、1.0 mL 蛋白标准溶液，用生理盐水补足到 1.0 mL。加入 5.0 mL 碱性酮试剂，混匀后室温放置 20 min，再加入 0.5 mL 酚试剂混匀。

表 3-13　Lowry 法测定蛋白质总量　　　单位：mL

试　剂	试管 1	试管 2	试管 3	试管 4	试管 5	试管 6
蛋白标准液	0	0.2	0.4	0.6	0.8	1.0
0.9% NaCl	1.0	0.8	0.6	0.4	0.2	0
碱性酮试剂	5.0	5.0	5.0	5.0	5.0	5.0
混匀后室温（25 ℃）放置 20 min						
酚试剂	0.5	0.5	0.5	0.5	0.5	0.5

30 min 后，以第 1 管为空白，在 650 nm 波长比色，读出吸光度，以各管的标准蛋白浓度为横坐标，以其吸光度为纵坐标绘出标准曲线。

2. 血清蛋白质的测定

稀释血清（或其他蛋白样品浓度）：准确吸取 0.1 mL 血清，置于 50 mL 容量瓶中，用生理盐水稀释至刻度（此为稀释 500 倍，其他蛋白样品酌情而定）。再取 3 支试管，分别标以"测定"、"标准"、"空白"，按表 3-14 操作。

表 3-14　血清蛋白质测定　　　单位：mL

试　剂	测　定　管	标　准　管	空　白　管
稀释标本	0.2	—	—
稀释标准液	—	0.2	—
0.9% NaCl	—	—	0.2
碱性酮试剂	1.0	1.0	1.0
混匀后于室温放置 20 min			
酚试剂	0.1	0.1	0.1

混匀各管，30 min 后在 650 nm 波长比色，读取吸光度。

3. 计算

（1）以测定管读数查找标准曲线求得血清蛋白含量。

（2）无标准曲线时，可以与测定管同样操作的标准管按下式计算蛋白含量：

$$C(\text{g/dL}) = (A_{测}/A_{标})C_{标} n$$
$$= (A_{测}/A_{标}) \times 0.1 \times (100/1000) \times (50/0.1) = (A_{测}/A_{标}) \times 5$$

式中：C 为每 100 mL 血清的蛋白质含量（g）；$A_{测}$ 为测定管吸光度；$A_{标}$ 为标准管吸光度，n 为稀释倍数。

【注意事项】

（1）Tris 缓冲液、蔗糖、硫酸铵、巯基化合物、酚类、柠檬酸以及高浓度的尿素、胍、硫酸钠、三氯乙酸、乙醇、丙酮等均会干扰 Folin - 酚反应。

（2）当酚试剂加入后，应迅速摇匀（加一管摇一管），以免出现混浊。

（3）由于这种呈色化合物组成尚未确立，它在可见光红外光区呈现较宽吸收峰区。不同实验室选用不同波长，有的选用 500 或 540 nm，也有的选用 640、700 或 750 nm。选用较高波长，样品呈现较大的光吸收。本实验选用 650 nm 波长。

（二）考马斯亮蓝 G - 250 染色法（Bradford 法）

此方法是 1976 年由 Bradford 建立的。染料结合法测定蛋白质的优点是灵敏度较高，可检测到微量蛋白，操作简便快捷，试剂配制极简单，重复性好；缺点是干扰因素多。

【原理】

考马斯亮蓝 G - 250 具有红色和青色两种色调，在酸性溶液中游离状态下为棕红色，当它通过疏水作用与蛋白质结合后，变成蓝色，最大吸收波长从 465 nm 转移到 595 nm 处。在一定的范围内，蛋白质含量与 595 nm 处的吸光度成正比，测定 595 nm 处光密度值的增加即可进行蛋白质的定量。

【试剂】

（1）考马斯亮蓝 G - 250 染色液：称取 100 mg 考马斯亮蓝 G - 250 溶解于 50 mL 95% 的乙醇中，加入 100 mL 85% 的磷酸，加入纯水稀释到 1 L。

（2）蛋白标准液（0.1 mg/mL）：准确称取 10 mg 牛血清白蛋白，在 100 mL 容量瓶中加生理盐水至刻度，溶后分装，-20 ℃冰箱保存。

【操作】

1. 标准曲线的制备

按表 3 - 15，在试管中分别加入 0、0.02、0.04、0.06、0.08、0.10 mL 蛋白标

准溶液，用水补足到0.10 mL，加入3 mL染色液，混匀后室温放置15 min。

表3-15 标准曲线的制备　　　　　　　　　　单位：mL

试　　剂	试管1	试管2	试管3	试管4	试管5	试管6
蛋白标准液	0	0.02	0.04	0.06	0.08	0.10
蒸馏水	0.10	0.08	0.06	0.04	0.02	0
染色液	3	3	3	3	3	3

在595 nm波长比色，读出吸光度，以各管的标准蛋白浓度为横坐标，以其吸光度为纵坐标绘出标准曲线。

2. 血清蛋白质测定

稀释血清（或其他蛋白样品溶液），准确吸取0.1 mL血清，置入50 mL容量瓶中，用生理盐水稀释至刻度（此为稀释500倍，其他蛋白样品酌情而定）。再取3支试管，分别标以1、2、3号，按表3-16加入试剂。混匀后室温放置15 min，在595 nm波长比色，计算蛋白质浓度。

表3-16 血清蛋白质测定　　　　　　　　　　单位：mL

试　　剂	1（空白管）	2（标准管）	3（样品管）
蒸馏水	0.1	—	—
蛋白标准液	—	0.1	—
稀释血清	—	—	0.1
染色液	3	3	3

3. 计算

$$C(\text{g/dL}) = (A_{测}/A_{标})C_{标} n = (A_{测}/A_{标}) \times 0.1 \times (100/1000) \times 500 = (A_{测}/A_{标}) \times 5$$

式中：C为每100 mL血清中蛋白质的含量（g）；$A_{测}$为测定管吸光度；$A_{标}$为标准管吸光度；n为稀释倍数。

【注意事项】

（1）常用试剂对结果的干扰：有些常用试剂在测定中会对结果产生不同程度的干扰。Tris、巯基乙醇、蔗糖、甘油、EDTA及少量去垢剂有较少影响，而1% SDS、1% Triton X-100及1% Hemosol的干扰严重。

（2）显色结果受时间与温度影响较大，须注意保证样品与标准品的测定控制在同一条件下进行。

（3）考马斯亮蓝G-250染色能力很强，特别要注意比色杯的清洗。颜色的吸附对本次测定影响很大。可将测量杯在0.1 mol/L HCl中浸泡数小时，再冲洗干净。

（三）紫外分光光度法

紫外分光光度法测定蛋白质含量是将蛋白质溶液直接放在紫外分光光度计中测定的方法，不需要任何试剂，操作很简便，而且样品可以回收，同时可估计核酸含量。但核酸质量分数小于20%或溶液混浊，则测定结果误差较大。

【原理】

蛋白质溶液在波长260～280 nm及200～225 nm两个波长段中都有光吸收，在280 nm附近有强烈的吸收，这是由蛋白质中酪氨酸、色氨酸残基引起的，所以光密度受这两种氨基酸含量的支配。由于各种蛋白质中酪氨酸和色氨酸的含量有很大的差别，并且游离的酪氨酸、色氨酸、尿酸和胆红素也在280 nm有光吸收，所以该法在测定血浆这一类组成复杂的溶液时不能得到准确的结果。另外核蛋白或提取过程中杂有的核酸对测定结果产生极大误差，核酸最大吸收在260 nm，在280 nm处也有较强的光吸收。所以同时测定280 nm及260 nm两种波长的吸光度，通过计算予以校正可得到较为正确的蛋白质含量。用各种蛋白质和核酸不同比例的混合样品求得的各种经验公式，可计算出蛋白质浓度。

在波长200～225 nm之间，蛋白质的光吸收主要来自分子中的肽腱结构，在此低波长段蛋白质的吸光系数较大，能够通过高倍稀释消除干扰。本法测定的蛋白质制剂未加任何试剂和处理，可保留其制剂的生物活性，且可收回全部蛋白质，故多用于较纯的酶和免疫球蛋白中蛋白质的含量测定。

【操作】

将待测蛋白质溶液适当稀释K倍，在紫外分光光度计中测定样品在10 mm光径石英比色皿中，分别在280 nm及260 nm两种波长下的吸光度值A_{280}和A_{260}。

【计算】

当蛋白样品的吸光度比值A_{280}/A_{260}约为1.8时，可用下面的公式进行计算。

（1）Lowry – Kalxker公式：

$$蛋白质质量浓度(mg/mL) = (1.45 A_{260} - 0.74 A_{280})K$$

（2）Warburg – Christian公式：

$$蛋白质质量浓度(mg/mL) = (1.55 A_{260} - 0.76 A_{280})K$$

也可以先计算出A_{280}/A_{260}的比值，然后从表3 – 17中查出校正因子F的值，由下面的检验公式计算出溶液的蛋白质浓度：

$$蛋白质浓度(mg/mL) = FA_{280}K$$

同时从表3 – 17中还可以查出样品中混杂的核酸的百分含量（质量分数）。

表3-17 蛋白质吸光度值与质量分数换算

A_{280}/A_{260}	核酸/%	F	A_{280}/A_{260}	核酸/%	F
1.750	0.00	1.116	0.846	5.50	0.656
1.630	0.25	1.081	0.822	6.00	0.632
1.520	0.50	1.054	0.804	6.50	0.607
1.400	0.75	1.023	0.784	7.00	0.585
1.360	1.00	0.994	0.767	7.50	0.565
1.300	1.25	0.975	0.753	8.00	0.545
1.250	1.50	0.944	0.730	9.00	0.508
1.160	2.00	0.899	0.705	10.00	0.478
1.090	2.50	0.852	0.671	12.00	0.422
1.030	3.00	0.814	0.644	14.00	0.377
0.979	3.50	0.776	0.615	17.00	0.322
0.939	4.00	0.743	0.595	20.00	0.278
0.874	5.00	0.682	—	—	—

注：一般纯净蛋白质的光吸收比值A_{280}/A_{260}约为1.8，而核酸A_{280}/A_{260}的比值约为0.5。在使用上表和公式计算时应注意各种蛋白质和核酸在280 nm及260 nm处的光吸收值也不尽相同，故计算结果有一定误差。

（四）双缩脲法

【原理】

利用半饱和硫酸铵或27.8%硫酸钠—亚硫酸钠可使血清球蛋白沉淀下来，而此时血清白蛋白仍处于溶解状态，因此可把两者分开，这种利用不同浓度的中性盐分离蛋白的方法称为盐析法。盐析分离蛋白质的方法不仅用于临床医学，而且还广泛地用于生物化学研究工作中，如一些特殊蛋白质——酶、蛋白激素等的分离和纯化。

凡分子中含有2个氨甲酰基（—$CONH_2$）的化合物，都能与碱性铜溶液作用，形成紫色络合物，且其呈色深浅与蛋白质的含量成正比，这一反应称为双缩脲反应，是双缩脲法测定血浆及其他生物液体蛋白质的基础。因此在严格控制条件下（含2个氨甲酰基的非蛋白化合物含量极低时），双缩脲反应可作为血浆蛋白总量测定的理想方法。根据蛋白质与双缩脲试剂反应生成的紫色复合物吸光度值，可计算出蛋白含量。但吸光度值与试剂的组分、pH、反应温度以及蛋白质的性质有关。如用双缩脲试剂作蛋白质的标化测定，则应对上述反应条件加以严格控制。

但必须注意,此反应并非蛋白质所特有,凡分子内有 2 个或 2 个以上肽键的化合物以及分子内有—CH_2—NH_2 等结构的化合物,双缩脲反应也呈阳性。

本实验用 27.8% 硫酸钠—亚硫酸钠溶液稀释血清,取出一部分用双缩脲反应测定蛋白质的含量,剩余部分则用滤纸过滤,使析出的球蛋白与白蛋白分离,取出滤液用同一反应测定白蛋白的含量。总蛋白与白蛋白含量之差即为球蛋白的含量,白蛋白与球蛋白之比即所谓的白/球比值。

含以下结构的化合物双缩脲反应呈阳性:

$$-C\begin{smallmatrix}C\\NH_2\end{smallmatrix} \quad C\begin{smallmatrix}C\\NH_2\end{smallmatrix}$$

【试剂】

(1) 27.8% 硫酸钠—亚硫酸钠溶液:取浓硫酸 2 mL 加到 900 mL 蒸馏水中,将此含酸蒸馏水加于盛有无水硫酸钠 208 g 及无水亚硫酸钠 70 g 的烧杯中,边加边搅拌,待溶解后全部移至 1 000 mL 容量瓶中,加蒸馏水至刻度。取此溶液 1 mL,加蒸馏水 24 mL,检查其 pH,应为 7 或略高于 7。本试剂应贮于 25 ℃ 温箱中。

(2) 双缩脲试剂:称取硫酸铜($CuSO_4 \cdot 5H_2O$) 1.5 g 及酒石酸钾钠($C_4H_4O_6KNa \cdot 4H_2O$) 6 g,分别用适量蒸馏水溶解,混合后加入 10% NaOH 溶液 300 mL,最后加蒸馏水至 1 000 mL。

(3) 标准血清:取经凯氏定氮标定后的血清用 15% 的 NaCl 溶液稀释 25 倍,贮于冰箱中备用。

【操作】

(1) 取试管 4 支,分别标以"1"、"2"、"3"、"4",吸取 27.8% 硫酸钠—亚硫酸钠 1 mL,置管"1"中备用。

(2) 吸取血清 0.2 mL 于另一试管中,加 27.8% 硫酸钠—亚硫酸钠 4.8 mL,盖上盖倒转混合 5~6 次,放置约 15 s,吸取 1 mL 置于管"4"中(总蛋白测定管)。

(3) 剩余的血清混悬液(如滤液不清,可重复过滤,直至澄清为止),吸取此液 1 mL,置于管"3"(白蛋白测定管)。

(4) 吸取标准血清 1 mL,置于管"2"中(标准管)。

(5) 于上述 4 支试管中分别加入双缩脲试剂 4 mL,混匀。

(6) 在室温下放置 10 min 后,以管"1"(空白管)调零,在 540 nm 波长下进行比色,分别记录"2"、"3"、"4"管的光密度读数。

(7) 计算:

$$T(g/dL) = (A_{总}/A_{标})C_{标}$$
$$A(g/dL) = (A_{白}/A_{标})C_{标}$$

$$G(\text{g/dL}) = T - A$$
$$P = A/G$$

式中：T 为每 100 mL 血清总蛋白质的含量；$A_{总}$ 为总蛋白测定管吸光度；$A_{标}$ 为对应标准管吸光度；$C_{标}$ 为各对应标准管的浓度；A 为每 100 mL 血清白蛋白的含量；$A_{白}$ 为白蛋白测定管吸光度；G 为每 100 mL 血清球蛋白含量；P 为白/球比，即白蛋白含量 A 与球蛋白含量 G 的比值。

【临床意义】

正常人每 100 mL 血清中含蛋白质 6～8 g，平均 7 g 左右，白/球比为（1.5～2.5）:1。长期营养不良，患肝脏疾病、慢性肾炎时，总蛋白含量降低；大量失水（如呕吐、腹泻）时则升高。合成障碍，主要为肝脏功能严重损害时，蛋白质的合成减少，以白蛋白的下降最为显著。蛋白质丢失，如大出血时大量血液丢失；肾病患者在尿液中长期丢失蛋白质；严重灼伤时，大量血浆渗出等；慢性传染病有大量抗体生成时，A/G 值变小，甚至 A/G 倒置。

【注意事项】

（1）硫酸钠的溶解度与温度有关，温度低于 30 ℃ 易结晶析出，故室温较低时应在 37 ℃ 水浴或恒温箱中进行保温。

（2）血清样品必须新鲜，如有细菌污染或溶血，则不能得到正确的结果。

（3）含脂类较多的血清，可用乙醚 3 mL 抽提一次后再进行测定。

【附注】

（1）双缩脲试剂的配方有多种，有的不加碘化钾；加入碘化钾是为防止两价铜还原成一价铜。有人认为两价铜的自身还原是由于试剂不纯所致，如试剂纯度足够高，则不必加入碘化钾。

（2）酚酞、磺溴酞钠在碱性溶液中呈色，影响双缩脲试剂的测定结果；右旋糖酐可使测定管混浊，亦影响结果。理论上这类干扰可用相应的标本空白管来消除。

（3）含脂类极多的血清，呈色后混浊不清，可加乙醚处理。

（4）双缩脲反应虽非为蛋白质所特有，但在体液中小分子肽的含量极低，故除蛋白质外实际上不存在与双缩脲试剂显色的物质。各类蛋白质（病理的与正常的）呈色程度基本相同，因而在血浆蛋白的比色测定中，双缩脲反应是较为简便可靠的方法。

（五）凯氏（Kjeldahl）定氮法

【原理】

血清先与浓硫酸一起加热消化，其中的含氮化合物被分解并转变为硫酸铵；再与氢氧化钠作用，使氨释出，经蒸汽蒸馏而被吸收于硼酸溶液中；形成的硼酸铵用标准盐酸滴定，求出血清中的总氮量，另外用血清的无蛋白滤液测定非蛋白氮量，在总氮量中减去非蛋白氮量即为蛋白质氮量。蛋白质的含氮量平均为每 100 g 蛋白质含氮 16 g，所以将蛋白质含氮量乘以 6.25 即可换算为蛋白质量。

凯氏定氮法整个过程分为三个阶段，分别称为消化、蒸馏和滴定，三个阶段发生的化学反应如下。

（1）消化：

$$\text{蛋白质} + \text{浓 } H_2SO_4 \xrightarrow[\triangle]{\text{催化剂}} (NH_4)_2SO_4 + H_2O + CO_2\uparrow$$

（2）蒸馏：

$$(NH_4)_2SO_4 + 2NaOH \xrightarrow{\triangle} Na_2SO_4 + 2NH_4OH$$

$$NH_4OH \rightarrow NH_3\uparrow + H_2O \rightarrow NH_4OH$$

$$2NH_4OH + 4H_3BO_3 \rightarrow (NH_4)_2B_4O_7 + 7H_2O$$

（3）滴定：

$$(NH_4)_2B_4O_7 + 2HCl + 5H_2O \rightarrow 4H_3BO_3 + 2NH_4Cl$$

【试剂】

（1）浓硫酸（AR，沸点 340 ℃）。

（2）2% 硼酸溶液：称取硼酸（AR）10 g，溶于煮沸的重蒸馏水 500 mL 中，冷却后盛放于试剂瓶内，可长期保存。

（3）50%（W/W）NaOH（AR）溶液：称取 NaOH 250 g 加入蒸馏水溶解至 500 mL。

（4）混合催化剂：称取硫酸钾（K_2SO_4）5 份、硫酸铜（$CuSO_4 \cdot 5H_2O$）1 份，在研钵内混合研细，保存于试剂瓶中。硫酸钾与硫酸生成 $KHSO_4$，可提高消化温度至 400 ℃，但温度过高铵盐会分解。硫酸铜还有指示剂作用，碱不足时消化液呈蓝色而没有 $Cu(OH)_2$ 沉淀，可指示消化终点，蒸馏时作为碱性指示剂。

（5）混合指示剂：用 95% 乙醇作为溶剂，分别配制 0.1% 甲烯蓝乙醇液和 0.1% 甲基红乙醇液。将 0.1% 甲烯蓝乙醇液 10 mL 和 0.1% 甲基红乙醇液 40 mL 混合配成，置于棕色瓶内。

（6）标准硫酸铵溶液（含氮 1 mg/mL）：取适量硫酸铵（AR）置于 110 ℃ 烘箱内半小时，使其干燥，继续置于干燥器内待其冷却。准确称取此干燥的硫酸铵 0.471 6 g（含氮 100 mg），溶于蒸馏水中。将溶液全部转移入 100 mL 容量瓶内，加浓硫酸 1 滴，并用蒸馏水稀释至 100 mL 刻度。此标准液可长久保存。

（7）0.010 0 mol/L HCl 溶液（参见附录三之"二、溶液的配制"的相关内容）。

（8）0.85% NaCl 溶液。

(9) 10% 钨酸钠（Na_2WO_4）。

(10) 1/3 mol/L H_2SO_4。

【操作】

1. 消化

（1）精确吸取待测血清 1.0 mL 放入一试管内，再加 0.85% NaCl 溶液 4.0 mL，混匀成 5 倍稀释血清。精确吸取该稀释血清 1.0 mL 放入凯氏烧瓶中，编号"1"。供测定血清蛋白之用。

（2）精确吸取待测血清 2.0 mL 置于一小三角瓶内，再加蒸馏水 4.0 mL，加 10% Na_2WO_4 2.0 mL 和 1/3 mol/L H_2SO_4 2 mL 混匀，待有澄清液出现后，过滤，收集滤液。精确吸取滤液 5.0 mL 于另一凯氏烧瓶中，编号"2"，加热浓缩至 1 mL 以下。供测定血清非蛋白氮之用。

（3）精确吸取标准硫酸铵 0.5 mL 置于第 3 支凯氏烧瓶中，编号"3"。

（4）吸取蒸馏水 1.0 mL，放入第 4 支凯氏烧瓶中，编号"4"。供空白试验之用。

以上 1～4 号凯氏烧瓶分别加入混合催化剂各 1 g，浓 H_2SO_4 各 2 mL 和小玻璃珠各 1～2 粒（防止崩沸之用，必须大于 A 漏斗口以免进入管子造成堵塞）。然后倾斜固定在试管架上，在凯氏烧瓶上各加一小漏斗，小火加热进行消化，如图 3 - 2 所示。

待水分驱尽，白烟自管口逸出，即可增强火焰，直至消化液呈透明绿色，停止加热，让烧瓶在空气中冷却。

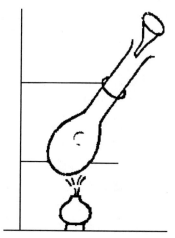

图 3 - 2 凯氏定氮的消化装置

整个加热消化时间为 30～40 min。

2. 蒸馏

经消化后的消化液，按编号 4、3、2、1 顺序进行蒸馏。氮的蒸馏在微量凯氏蒸馏器中进行，我们采用一种改良式凯氏定氮蒸馏器，见图 3 - 3。

（1）在蒸汽发生器（D）内加米粒或绿豆大小的小瓷片 10 片左右，避免水暴沸致蒸馏液回抽。

（2）接上冷水源，水从 L 流入，经 G、H、M、I 流出。调好水的流速。流速太快，水从 M 溢出；流速太慢，则冷却效果欠佳。

（3）开启开关乙，使水进入 D。当液面略高于 D 瓶的圆球部分时，半闭 D 瓶的开关乙。

（4）于小三角烧杯内加入 2% 硼酸 5 mL 和混合指示剂 2 滴，将它放在蒸馏出口

J 处，使 J 口浸入硼酸液内。

(5) 装料：把已消化的消化液倾入漏斗 A，开启开关甲，让消化液通过 B 管加至 C 瓶底。蒸馏水洗涤凯氏烧瓶，每次约 2 mL，洗涤液一并加入漏斗 A，让洗涤液流入 C 瓶底。把 8 mL 50% NaOH 倒入漏斗 A，让 NaOH 流入 C 瓶底，立即关闭开关甲。

(6) 加热蒸馏：用酒精灯加热，蒸汽从 D 通过 K 口，经 B 管进入 C 瓶，将 C 瓶中液体内的氨带出，氨经 E 流入冷凝管 F，冷凝后，经 G 管滴入三角烧瓶中，淡紫红色的硼酸溶液遇氨则变色，当硼酸溶液变为绿色后，继续蒸馏 3 min。将三角烧瓶下移，使液面离冷凝管下端约 1 cm，用少量蒸馏水淋洗冷凝管下端，洗涤液也收集入三角烧瓶中。继续蒸馏约 1 min 后，将三角烧瓶取下，可进行滴定。

注意：以酒精灯加热蒸馏发生器 D 时，注意加热面均匀，使溶液保持沸腾，否则会因为蒸馏瓶内温度降低而使 C 瓶内液体沿 B 经 K 流入 D。

(7) 移去火焰，片刻后 C 瓶中废液吸入 D 内。

(8) 洗涤蒸馏器：开启开关乙，使水流入 D，当液面距小孔 K 约 3 cm 时，关闭开关乙。开启开关丙，D 瓶内的水

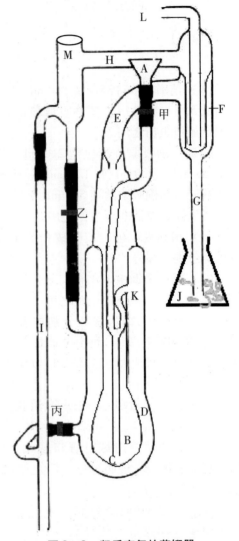

图 3-3　凯氏定氮的蒸馏器

向外流出，C 瓶内的废液亦随之由小孔 K 排入 D 瓶。用蒸馏水洗涤 A、C，再用上述方法吸出并多次洗涤 D 瓶，即可进行下一个消化液的蒸馏。

3. 滴定

蒸馏完毕后，所得的蒸馏液（包括"待测定血清蛋白"蒸馏液、"待测定 NPN"蒸馏液、"标准"蒸馏液、"空白"蒸馏液）都用 0.010 0 mol/L HCl 溶液进行滴定，滴定时用 5 mL 微量滴定管最为适宜。当滴至溶液呈紫红时即为终点，记录读数。

4. 计算

$$N_{总} = (V_{HCl测} - V_{HCl空})M_{HCl} \times 14/(V_{血清} \times 1000) \times 100$$
$$= (V_{HCl测} - V_{HCl空}) \times 0.0100 \times 14/(0.1 \times 1000) \times 100$$
$$= (V_{HCl测} - V_{HCl空}) \times 0.14$$
$$NPN = (V_{HCl测NPN} - V_{HCl空})M_{HCl} \times 14/(M_{血清} \times 1000) \times 100$$
$$= (V_{HCl测NPN} - V_{HCl空}) \times 0.014$$
$$P = [(V_{HCl测} - V_{HCl空}) \times 0.14 - (V_{HCl测NPN} - V_{HCl空}) \times 0.014] \times 6.25$$
$$N_{标} = (V_{HCl标} - V_{HCl空})M_{HCl} \times 14$$
$$= (V_{HCl标} - V_{HCl空}) \times 0.14$$

式中：$N_{总}$ 为每 100 mL 血清含氮总量（g/dL，以下含量单位均同此）；NPN 为每 100 mL 血清含非蛋白氮量；P 为每 100 mL 血清含蛋白质量；$N_{标}$ 为 0.5 mL 标准液含氮量；$V_{血清}$ 为取血清量（mL）；M_{HCl} 为 HCl 的摩尔浓度。用 $V_{HCl测}$ 表示滴定"待测定血清蛋白"蒸馏液用去 0.0100 mol/L HCl 毫升数；同样分别用 $V_{HCl测NPN}$、$V_{HCl标}$、$V_{HCl空}$ 表示滴定"待测定 NPN"蒸馏液、"标准"蒸馏液和"空白"蒸馏液用去的 HCl 毫升数。

在标准管中加入的硫酸铵标准液为 0.5 mL，含氮 0.500 mg，如测定中按上式计算所得结果 $N_{标}$ 与理论值相差超过 3%，应将这批测定结果放弃不用。

【注意事项】

（1）本法极灵敏，应避免外界氨的干扰。如试剂、蒸馏水、实验室空气均须无氨。

（2）标定的盐酸一定要准确。

（3）消化要完全，但不宜太久，以防 NH_3 损失。消化温度过高也会造成铵分解出 NH_3 造成损失。

（4）样品加入要完全不损失。水蒸气发生部分的容器内应加小瓷片 10 片左右，避免崩沸回抽蒸馏液；蒸馏过程火焰要均匀，蒸馏完毕才能停火以防倒抽；蒸馏时所有的开关应关闭紧。

（5）先作空白蒸馏及标准蒸馏。

（6）每个样品蒸馏后要清洗仪器。

（7）蒸馏的标本用量要先估计，使其中含氮为 0.2～1.0 mg。

（六）关于蛋白质定量测定的设计性实验

结合上述学过的蛋白质定量测定方法，检索更多的蛋白质分离和定量方法，针对三聚氰胺奶粉事件，设计一个研究性实验方案，以期较准确地测出奶制品中真正的蛋白含量并便捷地检查出奶制品中是否掺杂各种伪蛋白。

【提示和要求】

直接定量测定三聚氰胺并减除并非好方法，因为还存在其他伪蛋白。可从比较哪一种方法能更准确地分离、测定非蛋白氮着手，因而把问题转化为"如何彻底干净地去除蛋白质，同时又能100%保留非蛋白质含氮物"。开展实验前先写研究方案，要求写出研究意义、研究目标、扼要的研究内容和具体的实验方法步骤。

实验七 转氨基作用与纸层析法分析

【原理】

1. 转氨基

氨基酸分子上的氨基转移到 α-酮酸分子上的反应过程称为转氨基作用（或称氨基移换作用）。转氨基作用是氨基酸代谢的重要反应之一，由转氨酶催化。经转氨后，原来的 α-氨基酸变成了相应的 α-酮酸，原来的 α-酮酸则成为新的、相应的 α-氨基酸。

$$\text{谷氨酸} + \text{丙酮酸} \xrightleftharpoons{\text{谷丙转氨酶（GPT/ALT）}} \alpha\text{-酮戊二酸} + \text{丙氨酸}$$

本实验观察谷氨酸与丙酮酸在肌匀浆中谷氨酸—丙酮酸转氨酶（简称 GPT）的催化下进行转氨基的过程，然后用纸层析法检查反应体系中丙氨酸的生成。为便于观察转氨基作用，在反应中须加一碘醋酸（或一溴醋酸），以抑制谷氨酸和丙酮酸的其他代谢过程。

2. 层析

原理详见第二章之"一、层析法"的相关内容。

纸层析是分配层析中的一种。分配层析是利用不同的物质在两个互不相溶的溶剂中分配系数不同而得到分离的。通常用 α 表示分配系数：

$$\alpha = C_s/C_l$$

式中：C_s 为溶质在固定相中的浓度；C_l 为溶质在流动相中的浓度。

一种物质在某溶剂系统中的分配系数，在一定的温度下是一个常数。

纸层析是以纸作为惰性支持物的分配层析。纸纤维上的羟基具有亲水性，因此以滤纸吸附的水作为固定相，而通常把有机溶剂作为流动相。

将样品点在滤纸上（此点称为原点）进行展开，样品中的各种溶质（如各种氨基酸）即在两相溶剂中不断进行分配。由于它们的分配系数不同，不同的溶质随流动相移动的速率不等，于是就被分离开来，形成距原点不等的层析点。

溶质在滤纸上的移动速率用 R_f 表示：

$$R_f = l_s/l_l$$

式中：l_s 为原点到层析点中心的距离；l_l 点为原点到溶剂前沿的距离。只要条件（如温度、展开溶剂的组成、滤纸的质量等）不变，R_f 值是常数。故可根据 R_f 值作定性分析。

层析后，各种溶质在滤纸上的位置可用适当的化学或物理方法处理而使其显示出来。对于氨基酸，常用茚三酮使之显色。

【试剂】

1. 转氨基

（1）0.9% NaCl 溶液。

（2）0.01 mol/L pH 7.4 磷酸缓冲液（见附表7）：取 0.2 mol/L Na_2HPO_4 溶液 81 mL 与 0.2 mol/L NaH_2PO_4 溶液 19 mL 混匀，稀释至 2 000 mL。

0.2 mol/L Na_2HPO_4：180.5 g $Na_2HPO_4·12H_2O$，加水定容至 1 000 mL。

0.2 mol/L NaH_2PO_4：8.24 g $NaH_2PO_4·2H_2O$，加水定容至 200 mL。

（3）1% 谷氨酸钾溶液：取谷氨酸 1 g，加水 20 mL，用 5% KOH 调到中性，然后用 0.01 mol/L pH 7.4 磷酸缓冲液稀释至 100 mL。

（4）1% 丙酮酸钠溶液：取丙酮酸 1 g，加 0.01 mol/L pH 7.4 磷酸缓冲溶液溶解成 100 mL。

（5）0.25% 一碘醋酸溶液：取一碘醋酸 0.25 g，加水 1 mL，用 5% KOH 或 NaOH 调至中性，然后加 0.01 mol/L pH 7.4 磷酸缓冲液成 100 mL（一碘醋酸可用一溴醋酸代替）。

（6）2% 醋酸（HAc）。

2. 层析分析

（1）乙醇：水：尿素（80:20:0.5）溶液。

（2）0.10%~0.25% 茚三酮乙醇（或丙酮）溶液。

（3）0.2% 谷氨酸溶液：将转氨基作用实验中的试剂（3）用 0.01 mol/L pH 7.4 磷酸缓冲液稀释 5 倍。

（4）0.1% 丙氨酸溶液：取丙氨酸用 0.01 mol/L pH 7.4 磷酸缓冲液配制。

【操作】

1. 转氨反应

（1）肝/肌匀浆的制备（由实验室准备室制备）：取家兔一只，处死后，立即剪颈放血，取肝/肌肉组织若干经 0.9% NaCl 溶液洗去血污后，称取肌肉约 100 g 置电动匀浆器中，再加 0.01 mol/L pH 7.4 磷酸缓冲液 500 mL 磨成匀浆。

（2）转氨基反应：取小试管 2 支编号，按表 3-18 滴加试剂。

表 3-18 转氨反应　　　　　　　　单位：滴

试　　剂	试　管　1	试　管　2
肌匀浆	10	10
将试管 2 置沸水浴中 5 min，然后取出冷却		
1% 谷氨酸钾	10	10
1% 丙酮酸钠	10	10
0.25% 一碘醋酸	5	5

混匀后同置于 40 ℃ 水浴中保温 45 min。在保温过程中，时加振摇。取出 2 管各加入 2% 醋酸 2 滴，再同置沸水浴中 5 min，使蛋白质完全凝固。冷却后，静置 10 min，将上清液点样。

2. 层析分析

（1）向层析缸中装入乙醇∶水∶尿素（80∶20∶0.5）溶液，其深度约 1.5 cm。用量约 200 mL。

（2）取宽 4.5 cm，长 18 cm 滤纸一条，在滤纸条一端 2 cm 处画一水平线（原线）（手指不可接触纸面），在此线上以间隔相等的距离用铅笔画 4 个直径 2～4 mm 的小圆圈，标明号码。

（3）用毛细管向各小圈中央点上各种不同的氨基酸溶液，并记录之。例如，第 1 点为谷氨酸，第 2 点为丙氨酸，第 3 点及第 4 点为转氨基作用实验中的 1 号及 2 号试管溶液。点样直径以小于 3 mm 为宜。

（4）待干燥后可重复点样一两次，再干燥。然后将此纸条插入上述准备好的层析缸中。先将纸条悬挂于玻璃缸内的横玻棒上（或用棉线代替），调节其高度，使纸条的下端浸入层析溶剂内约 1 cm（勿使氨基酸小点与溶剂直接接触），然后把盖盖紧。（如图 3-4 所示）

（5）约 50 min，当溶剂上升 5～10 cm 高时，取出滤纸，用电吹风吹干。

（6）将已吹干的滤纸浸入茚三酮乙醇溶液，再置于干燥箱中烘干（或用电吹风吹干），这时在纸的不同位置上可见紫红色的斑点出现，用铅笔描绘溶剂前沿和斑点的中心位置。

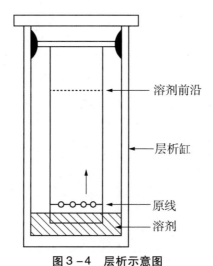

图 3-4 层析示意图

【结果】

计算出各氨基酸的 R_f 值。

【附注】

（1）纸层析法不仅可以用于氨基酸的分离和定性，还可以用于定量测定（把紫色斑点剪下来，用硫酸铜乙醇溶液洗脱下来比色）。

（2）各种氨基酸在同一实验条件下（即相同的溶剂、温度、滤纸质量）各有其特有的、不变的 R_f 值，这是我们鉴定氨基酸的重要根据。并且同一氨基酸的 R_f 值也可随溶剂、滤纸质量或操作情况（如温度等）的不同而改变，例如在甲溶剂中 R_f 值相近的 2 种氨基酸在乙溶剂中可能 R_f 值相差较多。因此为了彻底分离某一混合氨基酸溶液（例如蛋白水解液），常可用更换溶剂或双向层析的方法。

实验八　血清蛋白醋酸纤维薄膜电泳

【原理】

带电颗粒在电场作用下，向着与其电性相反的电极移动，称为电泳。在生物化学中，许多生物分子如蛋白质、核酸、氨基酸、核苷酸等在溶液中均带有一定的电荷。因此，电泳技术广泛应用于这些物质的分离与鉴定。

在电泳过程中，带电颗粒的移动速度既与颗粒所带电荷量、颗粒的大小与形状、介质的黏度有关，又受电场强度、溶液的pH和离子强度、电渗等影响。

血清蛋白质的等电点均低于pH 7.0，电泳时常采用pH 8.6的缓冲液。此时，各蛋白质解离成负离子，在电场中向正极移动。因各种血清蛋白的等电点不同，在同一pH下带电数量不同，各蛋白质的分子大小也有差别，故在电场中的移动速度不同。分子小而带电荷多的蛋白质泳动较快，分子大而电荷少的泳动较慢，从而可将血清蛋白分离成数条区带。

醋酸纤维（二乙酸纤维素）薄膜具有均一的泡沫状结构（厚约120 mm），渗透性强，对分子移动无阻力，用它作区带电泳的支持物，具有用样量少、分离清晰、无吸附作用、应用范围广和快速简便等优点。目前已广泛用于血清蛋白、脂蛋白、血红蛋白、糖蛋白、酶的分离和免疫电泳等方面。

醋酸纤维薄膜电泳可把血清蛋白分离为白蛋白（简写为A）、a_1-球蛋白、a_2-球蛋白、β-球蛋白、γ-球蛋白等5条区带。将薄膜置于染色液中使蛋白质固定并染色后，不仅可看到清晰的色带，并可将色带染料分别溶于碱溶液中进行定量测定，从而计算出血清中各种蛋白质的百分含量。

【试剂】

(1) 巴比妥缓冲液（pH 8.6，离子强度0.06）：取二乙基巴比妥酸钠10.3 g、二乙基巴比妥酸1.84 g置于烧杯中，加蒸馏水400~500 mL，加热溶解，冷却后用蒸馏水稀释至1 000 mL。

(2) 染色液：氨基黑10 B 0.5 g、甲醇50 mL、冰醋酸10 mL、蒸馏水40 mL。

(3) 漂洗液：甲醇或乙醇45 mL、冰醋酸5 mL、蒸馏水50 mL。

(4) 洗脱液：0.04 mol/L NaOH。

(5) 透明液：冰醋酸25 mL、95%乙醇75 mL。

【操作】

1. 点样

取醋酸纤维薄膜一条（2.5 cm×8 cm），在薄膜的无光泽面距一端1.5 cm处，预先用铅笔画一直线作为点样线。然后光泽面向下放入缓冲液中浸泡10 min，待薄膜完全浸透后，取出轻轻夹于滤纸中，吸去多余的溶液，用点样器或软片（0.8 cm×2 cm）的边缘沾上血清后，在点样线上迅速地压一下，使血清通过点样器或软片印吸在薄膜上。点样力求均匀。待血清渗入薄膜后，以无光泽面向下，两端紧贴在4层的滤纸桥上（加血清一端贴在电泳槽阴极端），加盖，平衡2～3 min，然后通电（连续电泳时，每次注意极相的转换）。

2. 电泳

电压：110～140 V。

电流：每厘米膜宽0.4～0.6 mA。

时间：45～60 min

3. 染色

电泳完毕后，关闭电源，将薄膜取出，直接浸于氨基黑染色液中3～5 min，然后取出，用漂洗液浸洗3～4次，至背景完全白色为止。

4. 定量

取试管6支，编号，将漂洗后的薄膜夹于滤纸中吸干，剪下各蛋白区带及一小段未着色的空区（做空白实验），分别置于各试管中。向各管中加0.4 mol/L NaOH 4.0 mL，反复振摇使之充分洗脱，比色。用620 nm波长，以空白管调整吸光度零点，读取各蛋白质的吸光度值。

5. 计算

$$T = A_A + A_{a1} + A_{a2} + A_\beta + A_\gamma$$

$$\rho_A\ (\%) = A_A/T \times 100$$

$$\rho_{a1}\ (\%) = A_{a1}/T \times 100$$

$$\rho_{a2}\ (\%) = A_{a2}/T \times 100$$

$$\rho_\beta\ (\%) = A_\beta/T \times 100$$

$$\rho_\gamma\ (\%) = A_\gamma/T \times 100$$

式中：T 为血清蛋白 A、a_1、a_2、β、γ 的吸光度 A_A、A_{a1}、A_{a2}、A_β 和 A_γ 的总和；ρ_A 为白蛋白 A 的质量分数；ρ_{a1} 为 a_1 - 球蛋白的质量分数；ρ_{a2} 为 a_2 - 球蛋白的质量分数；ρ_β 为 β - 球蛋白的质量分数；ρ_γ 为 γ - 球蛋白的质量分数。

【附注】

（1）血清蛋白正常值：白蛋白57%～72%，a_1 - 球蛋白2%～5%，a_2 - 球蛋白4%～9%，β - 球蛋白6.5%～12.0%，γ - 球蛋白12%～20%。

（2）如需保存电泳结果，可将染色后的干燥薄膜浸于透明液中 20 min，取出平贴于干净玻璃片上，待干燥后即得背景透明的电泳图谱。此透明薄膜可经扫描光密度计绘出电泳曲线，并可根据曲线的面积得出各组分的百分比。

（3）标本不能溶血，溶血标本 β-球蛋白偏高。

【临床意义】

1. 血清总蛋白降低

（1）血液稀释导致总蛋白浓度相对降低，如静脉注射过多低渗溶液或各种原因引起的钠、水潴留。

（2）摄入不足和消耗增加，如食物中长期缺乏蛋白质或慢性胃肠道疾病引起的消化吸收不良。

（3）肝功能受损导致蛋白质的合成减少。

（4）蛋白质丢失，如严重烧伤时大量血浆渗出，大量失血，肾病综合征大量蛋白尿等。

2. 血清总蛋白增高

（1）血液浓缩导致总蛋白浓度相对增高，如严重腹泻、呕吐、高热时急剧失水，血清总蛋白浓度可明显升高。休克时，由于毛细血管通透性增加，血液中水分渗出血管，血液发生浓缩。慢性肾上腺皮质功能减退的患者，丢失钠的同时伴随水的丢失，血清也可以出现浓缩现象。

（2）血清蛋白质合成增加，主要见于球蛋白合成增加，如多发性骨髓瘤患者。

3. 白蛋白浓度增高

除严重脱水、血浆浓缩而使白蛋白增高外，尚未发现单纯白蛋白浓度增高的疾病。

4. 白蛋白浓度降低

同血清总蛋白浓度降低。

5. 球蛋白浓度升高

慢性传染病有大量抗体生成。

实验九　SDS – PAGE 测定蛋白质相对分子质量

【原理】

聚丙烯酰胺凝胶电泳具有较高的分辨率，用它分离、检测蛋白质混合样品，主要是根据各蛋白质组分的分子大小和形状以及所带净电荷多少等因素所造成的电泳迁移率的差别。

1967 年，Shapiro 等人发现，在聚丙烯酰胺凝胶中加入十二烷基硫酸钠（sodium dodecylsulfate，SDS）后，与 SDS 结合的蛋白质带有一致的负电荷，电泳时其迁移速率主要取决于它的 Mr（相对分子质量），而与其所带电荷和形状无关。当蛋白质的 Mr 在 15 000 ～ 200 000 之间时，蛋白质的 Mr 与电泳迁移率间的关系可用下式表示：

$$\lg Mr = K - bm_r$$

式中：Mr 为蛋白质的相对分子质量；m_r 为迁移率；b 为斜率；K 为截距。在条件一定时，b 和 K 均为常数。

将 40 种已知相对分子质量的标准蛋白质的迁移率对 Mr 的对数作图，可得到一条标准曲线（如图 3 – 5 所示）。将未知相对分子质量的蛋白质样品，在相同的条件下进行电泳，根据它的电泳迁移率可在标准曲线上查得它的相对分子质量。

SDS 是一种阴离子型去污剂，在蛋白质溶解液中加入 SDS 和巯基乙醇后，巯基乙醇可使蛋白质分子中的二硫键还原；SDS 能使蛋白质的非共价键（氢键、疏水键）打开，并结合到蛋白质分子上［在一定条件下，大多数蛋白质与 SDS 的结合比为 1∶1.4（W/W）］，形成蛋白质 – SDS 复合物。由于 SDS 带有大量负电荷，当它与蛋白质结合时，所带的负电荷的量大大超过了蛋白质分子原有的电荷量，因而掩盖了不同种类蛋白质间原有的电荷差异。

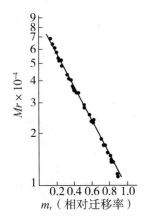

图 3 – 5　蛋白质的 Mr 对数与电泳相对迁移率 m_r 的关系

SDS 与蛋白质结合后，还引起了蛋白质构象的改变。蛋白质 – SDS 复合物的流体力学和光学性质表明，它们在水溶液中的形状近似于雪茄烟的长椭圆棒。不同蛋白质的 SDS 复合物的短轴长度都一样，而长轴则随蛋白质相对分子质量的大小成正比地变化。这样的蛋白质 – SDS 复合物在凝胶中的迁移率不再受蛋白质原有电荷和形状的影响，而只是椭圆棒的长度，也就是蛋白质相对分子质量的函数。

SDS – PAGE 缓冲系统有连续系统和不连续系统。不连续 SDS – PAGE 缓冲系统有较好的浓缩效应，近年趋向用不连续 SDS – PAGE 缓冲系统。按所制成的凝胶形状又有垂直板型电泳和垂直柱型电泳。本实验采用 SDS – 不连续系统垂直板型凝胶电泳测定蛋白质的相对分子质量（见图 3 – 6）。

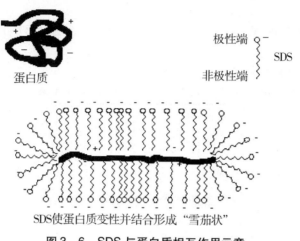

图 3 – 6 SDS 与蛋白质相互作用示意

【试剂与器材】

1. 试剂

（1）蛋白质预染 Marker（相对分子质量标准）。

（2）1%（V/V）TEMED（四甲基乙二胺）溶液：取 1 mL TEMED，加蒸馏水至 100 mL，置于棕色瓶中，在 4 ℃冰箱中保存。

（3）10%（W/V）过硫酸铵（AP）溶液：取过硫酸铵 1 g，溶解于 10 mL 蒸馏水中。最好临用当天配制。

（4）0.05 mol/L Tris – HCl 缓冲溶液，pH 8.0：称取 Tris 0.61 g，加入 50 mL 蒸馏水使之溶解，再加入 3 mL 1 mol/L HCl 溶液，混匀后在 pH 计上调 pH 至 8.0，最后加蒸馏水定容至 100 mL。

（5）蛋白质样品溶解液：SDS 100 mg、巯基乙醇 0.1 mL、甘油 1.0 mL、溴酚蓝 2 mg、0.05 mol/L Tris – HCl 缓冲溶液 2 mL，加蒸馏水至总体积 10 mL。

（6）分离胶缓冲溶液：1.5 mol/L Tris – HCl 缓冲液，pH 8.8：Tris 18.18 g，加入 1 mol/L HCl 溶液 48.0 mL，再加蒸馏水至 100 mL。

（7）浓缩胶缓冲溶液：0.5 mol/L Tris – HCl 缓冲液，pH 6.8：Tris 6.06 g，加入 1 mol/L HCl 溶液 48.0 mL，加蒸馏水至 100 mL。

（8）凝胶贮液：Acr 30.0 g、Bis 0.8 g，加蒸馏水至 100 mL。

（9）10×电泳缓冲液：0.4 mol/L Tris – 甘氨酸缓冲液，pH 8.3：SDS 5.0 g、Tris 15.15 g、甘氨酸 72.0 g，加蒸馏水至 300 mL。

（10）6×加样缓冲液（loading buffer）：0.25%溴酚蓝、0.25%二甲苯青FF、40%（W/V）蔗糖水溶液。

（11）固定液：取50%甲醇454 mL、冰醋酸46 mL，混匀。

（12）染色液：1.25 g考马斯亮蓝R-250，加454 mL 50%甲醇溶液和46 mL冰醋酸，混匀。

（13）脱色液：取冰醋酸75 mL、甲醇50 mL，加蒸馏水875 mL。

2. 器材

（1）垂直板型电泳槽。

（2）直流稳压电源（电压300～600 V，电流50～100 mA）。

（3）50或100 μL的微量注射器。

【操作】

1. 安装垂直板型电泳装置

夹心式垂直板型电泳装置（如图3-7所示）的两侧为有机玻璃制成的电极槽，两个电极槽中间夹有一个凝胶模子（如图3-8所示），由三部分组成：U形的硅胶密封框、凹形长玻璃片和平的短玻璃、样品槽模板（俗称"梳子"）。硅胶密封框和凹形玻璃使两玻璃片之间形成一个2～3 mm厚的间隙，制胶时将胶灌入其中。

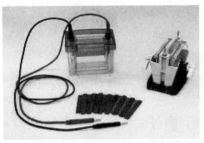 

制胶器

图3-7 夹心式垂直板型电泳槽示意

（1）灌胶前，先将玻璃片洗净、晾干，将U形硅胶凝胶密封框放在长玻璃上，然后将短玻璃与长玻璃重叠，将两块玻璃立起来，其底端接触桌面，用手将两块玻璃板夹住放入电泳槽内，然后插入斜楔板到适中程度，即可灌胶。也可以用夹子夹紧玻璃两侧在槽外灌胶。有些电泳槽配有制胶器（如图3-7所示），则把长短玻璃片用制胶器夹紧即可灌胶。

（2）凝胶聚集后，轻轻取下梳子，用手夹住两块玻璃板，上提斜楔板，使其松开，然后取下玻璃胶室的硅胶密封框，注意在上述过程中手始终给玻璃胶室一个夹紧力，再将玻璃胶室短凹面朝里置入电泳槽，

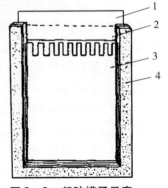

图3-8 凝胶模子示意

1. 样品槽模板；2. 长玻璃片；
3. 短玻璃片；4. U形硅胶框

插入斜楔板。

（3）将缓冲液加至内槽玻璃凹口以上，使内槽缓冲液与凝胶的上端边沿接触、相通；外槽缓冲液加到距长玻璃上沿 3 mm 处，使外槽缓冲液与凝胶的下端边沿接触、相通，即可开电源电泳，注意避免在胶室下端出现气泡。

2. 凝胶的制备

（1）分离胶的制备。根据所测蛋白质的相对分子质量范围，选择某一合适的分离胶浓度。按表 3-19 所列的试剂用量配制。

表 3-19　SDS-不连续系统不同浓度凝胶配制　　　　　　　单位：mL

溶液成分	配制 10 mL 不同浓度的分离胶液所需试剂用量					配制 5 mL 5% 浓缩胶所需试剂用量
	6%	8%	10%	12%	15%	
蒸馏水	5.3	4.6	4.0	3.3	2.3	2.82
凝胶贮液	2.0	2.7	3.3	4.0	5.0	0.83
1.5 mol/L Tris-HCl（pH 8.8）	2.5	2.5	2.5	2.5	2.5	—
0.5 mol/L Tris-HCl（pH 6.8）	—	—	—	—	—	1.25
10% SDS 溶液	0.1	0.1	0.1	0.1	0.1	0.05
10% 过硫酸铵溶液	0.1	0.1	0.1	0.1	0.1	0.05
TEMED 溶液	0.008	0.006	0.004	0.004	0.004	0.005

将所配制的凝胶液沿着凝胶的长玻璃片的内面用细长头的滴管加至长、短玻璃片的窄缝内，加胶高度距样品槽模板下缘约 1 cm。用滴管沿玻璃片内壁加 1 mL 蒸馏水（用于隔绝空气，使胶面平整）。30～60 min 凝胶完全聚合，倒去分离胶胶面的水封层，并用无毛边的滤纸条吸去残留的水液。

（2）浓缩胶的制备。按表 3-19 配制浓缩胶，混匀后用细长头的滴管将凝胶溶液加到已聚合的分离胶上方，直至距短玻璃片上缘 0.5 cm 处，轻轻将"梳子"插入浓缩胶内（插入"梳子"的目的是使胶液聚合后，在凝胶顶部形成数个相互隔开的凹槽）。约 30 min 后凝胶聚合，再放置 30 min。小心拔去"梳子"，用窄条滤纸吸去样品凹槽内多余的水分。

3. 蛋白质样品的处理

（1）固体样品的处理。称样品各 1 mg 左右，分别转移至带塞的小试管中，按 1.0～1.5 g/L 溶液浓度比例，向样品加入"样品溶解液"，溶解后轻轻盖上盖子（不要盖太紧，以免加热时进出），在 100 ℃ 沸水浴中保温 2～3 min，取出冷至室温。如处理好的样品暂时不用，可放在 -20 ℃ 冰箱保存较长时间。使用前在 100 ℃

水中加热3 min,以除去可能出现的亚稳态聚合物。

(2) 液体样品的处理。待测样品如果已在溶液中,可先配制"浓样品溶解液"(各种溶质的浓度均比"样品溶解液"高1倍),将待测液与"浓样品溶解液"等体积混匀,然后100 ℃水中加热3 min。如待测液太稀可事先浓缩,若含盐量太高则需先透析。

4. 加样

将pH 8.3的电极缓冲溶液倒入上、下贮槽中,应没过短玻璃片。用微量注射器依次在各个样品凹槽内加样,一般加样体积为10～15 μL。如样品较稀,可加20～30 μL。由于样品溶解液中含有相对密度较大的甘油,故样品溶液会自动沉降在凝胶表面形成样品层。(见图3-9)

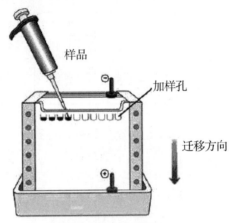

图3-9 上样图示

5. 电泳

将上槽接负极,下槽接正极,打开电源,开始时将电压控制在稳压70 V,待样品进入分离胶后,可改为120 V左右。待蓝色染料迁移至离下端1.0～1.5 cm时,停止电泳;电泳需1～2 h。

6. 剥胶和固定

取下凝胶模子,将凝胶片取出,滑入一白瓷盘或大培养皿内,左上角切角作为方向标志。加入固定液没过凝胶片,固定2 h。如果不需长期保存凝胶片则可略去固定步骤。

7. 染色

加入染色液,染色约30 min。

8. 脱色

染色完毕,倾出染色液,加入脱色液。数小时换一次脱色液,直至背景清晰;约需一昼夜。

9. M_r 的计算

通常以相对迁移率（m_r）来表示迁移率。相对迁移率的计算方法如下。

用直尺分别量出样品区带中心与凝胶顶端的距离（见图 3-10），按下式计算：

相对迁移率(m_r) = 样品迁移距离(cm)/染料迁移距离(cm)

以蛋白质 Marker 各条带的相对分子质量的对数对其相对迁移率作图，得到标准曲线（如图 3-5）。根据待测样品的相对迁移率，从标准曲线上查出其相对分子质量。

【注意事项】

（1）在用 SDS - PAGE 测定蛋白质的相对分子质量时，每次测定样品必须同时作标准曲线，而不能用上一次电泳的标准曲线。

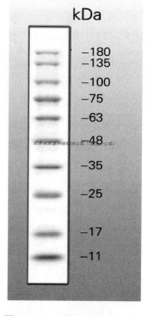

图 3-10 蛋白质 Marker

（2）凝胶浓度的选择：根据对待测样品估计的相对分子质量；选择凝胶浓度。Mr 在 25 000～200 000 的蛋白质选用终浓度为 5% 的凝胶；Mr 在 10 000～70 000 的蛋白质选用 15% 的凝胶。

（3）一些由亚基或两条以上肽链组成的蛋白质，它们在 SDS 及巯基乙醇作用下，解离成亚基或单条肽链。故对这些蛋白质，SDS - PAGE 测定结果只是亚基或单条肽链的 Mr。须用其他方法测定其 Mr 及分子中肽链的数目。

（4）SDS - PAGE 对电荷异常（如组蛋白 F_1）或构象异常的蛋白质、带有较大辅基的蛋白质（如糖蛋白）以及一些结构蛋白（如胶原蛋白）等测出的相对分子质量不太可靠。因此要确定某种蛋白质的相对分子质量，最好用 2 种测定方法互相验证。

（5）氧气会与被激活的单体自由基作用，从而抑制聚合过程，因此在加激活剂前对单体溶液最好用真空泵或水泵抽气。

（6）用琼脂糖凝胶封底及灌凝胶时不能有气泡，以免影响电泳时电流的通过。

（7）凝胶完全聚合后，必须放置 30 min 至 1 h，使其充分"老化"后，才能轻轻取出样品槽模板，切勿破坏加样凹槽底部的平整，以免电泳后区带扭曲。

（8）关于制备凝胶的原料器材，注意以下几项：

1）应选用高纯度的试剂，否则会影响凝胶聚合与电泳效果。

Acr 及 Bis 是制备凝胶的关键试剂，如含有丙烯酸或其他杂质，则造成凝胶聚合时间延长，聚合不均匀或不聚合。

Acr 及 Bis 均为神经毒剂，对皮肤有刺激作用，实验表明对小鼠的半致死剂量为 170 mg/kg，操作时应戴手套及口罩，在通风橱中进行。

Acr 要置于棕色瓶中密封贮存。Acr 的熔点为（84.5±0.3）℃。纯 Acr 水溶液 pH 应是 4.9～5.2，其 pH 变化不大于 0.4pH 单位就能使用。

Bis 置于棕色瓶中密封保存，其熔点为 185 ℃。

Acr 和 Bis 的贮液在保存过程中，由于水解作用而形成丙烯酸和 NH_3，虽然溶液放在棕色试剂瓶中 4 ℃贮存能部分防止水解，但也只能贮存 1～2 个月，可测 pH（4.9～5.2）来检查试剂是否失效。

2）由于与凝胶聚合有关的硅橡胶条、玻璃板表面不光滑洁净，在电泳时会造成凝胶板与玻璃板或硅橡胶条剥离，产生气泡或滑胶，剥胶时凝胶板易断裂。为防止此现象，所有器材均应严格地清洗。硅橡胶条的凹槽、样品槽模板及电泳用泡沫海绵蘸取"洗洁净"仔细清洗。玻璃板浸泡在重铬酸钾洗液 3～4 h，0.2 mol/L KOH 的乙醇溶液中 20 min 以上，用清水洗净，再用泡沫海绵蘸取"洗洁净"反复刷洗，最后用蒸馏水冲洗，直接阴干或用乙醇冲洗后阴干。

（9）安装电泳槽和镶有长、短玻璃板的硅橡胶框时，位置要端正，均匀用力旋紧固定螺丝，以免缓冲液渗漏。样品槽板梳齿应平整光滑。

（10）为防止电泳后区带拖尾，样品中盐离子强度应尽量低，含盐量高的样品可用透析法或滤胶过滤法脱盐。最大加样量每 100 μL 不得超过 100 μg 蛋白。

（11）在不连续电泳体系中，预电泳只能在分离胶聚合后进行，洗净胶面后才能制备浓缩胶。浓缩胶制备后，不能进行预电泳，以充分利用浓缩胶的浓缩效应。

（12）电泳时，电泳仪与电泳槽间正、负极不能接错，以免样品反方向泳动。电泳时应选用合适的电流、电压，过高或过低均可影响电泳效果。

（13）电泳后，应分别收集上、下贮槽电极缓冲液，在冰箱中贮存，可用 2～3 次。为保证电泳结果满意，最好用新稀释的缓冲液。

实验十　酵母核苷酸片段的提取和鉴定

【原理】

酵母核酸中 RNA 含量较多，DNA 则少于 2%。RNA 可溶于碱性溶液，当碱被中和后，可加乙醇使其沉淀，由此即得到粗 RNA 制品。用碱提取的 RNA 已有不同程度的降解。

在酸性条件下，RNA 分子中核糖基转变成 α-呋喃甲醛，后者与苔黑酚（3,5-二羟甲苯）作用生成绿色复合物，可用于核酸的鉴定。

用比色法可测定绿色复合物的光吸收，故利用标准 RNA 样品和苔黑酚试剂还可测定 RNA 含量。

$$核糖 \xrightarrow{浓盐酸} 糖醛 \xrightarrow{3,5-二羟甲苯} 绿色复合物$$

【试剂】

（1）干酵母粉（市售）。

（2）0.2% 氢氧化钠溶液：2 g NaOH 溶于蒸馏水并稀释至 1 000 mL。

（3）乙酸。

（4）95% 乙醇。

（5）异丙醇。

（6）10% 硫酸溶液：浓硫酸（相对密度 1.84）10 mL，缓缓倾于水中，稀释至 100 mL。

（7）氨水。

（8）5% 硝酸银溶液：5 g $AgNO_3$ 溶于蒸馏水并稀释至 100 mL，贮于棕色瓶中。

（9）苔黑酚—三氯化铁试剂：将 100 mg 苔黑酚溶于 100 mL 浓盐酸中，再加入 100 mg $FeCl_3·6H_2O$，临用时配制。

【操作】

1. RNA 的提取

置 2 g 干酵母粉于 100 mL 烧杯中，加入 0.2% NaOH 溶液 20 mL，沸水浴加热 30 min，经常搅拌。加入乙酸数滴，使提取液呈酸性（pH 6～7），离心 10～15 min（4 000 r/min）。小心地把上清液倒入另一干净小烧杯中，加入异丙醇不少于 20 mL，边加边搅拌。加毕，静置，待完全沉淀，小心倾去上层约一半溶液，较多絮状沉淀的下层置于离心管中离心，弃上清。沉淀用 95% 乙醇洗 2 次（每次约 10 mL），空气中晾干后，沉淀即为粗 RNA，可作鉴定。

2. 鉴定

取上述 RNA 沉淀，加 10% 硫酸液 5 mL，加热至沸 1～2 min，将 RNA 水解。离心 3 min，取上清。

（1）取水解（上清）液 0.1 mL，加苔黑酚—三氯化铁试剂 1 mL，加热至沸 1 min，观察颜色变化。

（2）取水解液 2 mL，加氨水 2 mL 及 5% 硝酸银溶液 1 mL，观察是否产生絮状嘌呤银化合物。注意，有时絮状物出现较慢，可放置 10 min。

（3）吸取水解液 1 mL，用容量瓶稀释到 100 mL，用于 RNA 定量。

实验十一 血浆碳酸氢根测定（滴定法）

【原理】

对血浆加入过量的标准盐酸溶液，盐酸与 HCO_3^- 发生中和反应并释放出 CO_2，再以标准氢氧化钠溶液滴定剩余的盐酸，以盐酸的消耗量计算出血浆 HCO_3^- 含量，将血浆原来的 pH 作为滴定的终点。其反应式如下：

$$NaHCO_3 + HCl \rightarrow NaCl + H_2O + CO_2 \uparrow$$
$$NaOH + HCl \rightarrow NaCl + H_2O$$

【试剂】

（1）生理盐水：称取 NaCl 8.5 g，以新鲜蒸馏水配制成 1 L。

（2）0.01 mol/L 盐酸：以精确标定的 1 mol/L HCl 1 mL，用生理盐水稀释至 100 mL。

（3）0.01 mol/L 氢氧化钠：以精确标定的 1 mol/L NaOH 1 mL，用生理盐水稀释至 100 mL。密封保存，避免吸收 CO_2。其浓度必须准确，否则应予校正，不然影响计算结果。

（4）酚红指示剂：称取酚红 0.1 g，加入 0.01 mol/L NaOH 28.2 mL，研磨至溶，然后加蒸馏水 50 mL。取此液 1 份，以生理盐水 9 份稀释，即为 0.2 g/L 酚红应用液。

【操作】

（1）取口径较粗的短试管 2 支，一为测量管，一为比色对照管，各加酚红指示剂 0.1 mL 及新鲜血浆 0.01 mL。对照管中加入生理盐水 2.5 mL。测定管中准确加入 0.01 mol/L 盐酸 0.5 mL，振摇 1 min 使 CO_2 逸出，再加生理盐水 2 mL，然后用经过校验的 0.5 mL 刻度管吸取 0.01 mol/L 氢氧化钠 0.5 mL，逐滴加入测定管中，滴至与对照管同样颜色为终点，临近终点时每滴液量应小于 0.01 mL。

（2）计算：

$$C_{HCO_3^-}(mmol/L) = (0.5 - V) \times 0.01 \times (1000/0.1)$$
$$= (0.5 - V) \times 100$$
$$C_{CO_2}(mmol/L) = C_{HCO_3^-}(mmol/L)$$
$$\therefore \rho_{CO_2}(\%, mL/mL) = C_{HCO_3^-}(mmol/L) \times 2.226$$
$$= (0.5 - V) \times 222.6$$

式中：$C_{HCO_3^-}$ 为血浆 HCO_3^- 浓度；V 为滴定用 0.01 mol/L 氢氧化钠毫升数；ρ_{CO_2}（%，mL/mL）为血浆总 CO_2 的体积分数，即每 100 mL（dL）血浆可释放总 CO_2 气体的体积；2.226 为血浆总 CO_2 浓度单位 mmol/L 换算为常用气体体积分数单位%（mL/mL）的折算系数。

正常血浆 HCO_3^- 浓度为 22～28 mmol/L，动脉血平均值 24 mmol/L。男稍高于女，婴儿稍低于成人。

【临床意义】

血浆（清）碳酸氢根（HCO_3^-）是血浆的重要缓冲体系，也是判断体内酸碱失衡的重要指标。二氧化碳结合力是指血浆中以碳酸氢根离子形式存在的二氧化碳含量的多少。测定血浆碳酸氢根，在于观察机体内碱储备，以了解机体内酸碱平衡情况。临床上酸中毒较碱中毒多见。

（1）血浆碳酸氢根增高可见于：① 幽门梗阻引起呕吐而胃酸大量丧失、肾上腺皮质功能亢进及肾上腺皮质激素使用过多、缺钾及服碱性药物过多而出现代谢性碱中毒；② 呼吸道阻塞、重症肺水肿、肺实变、肺纤维化、呼吸肌麻痹、支气管扩张、气胸、肺水肿、肺源性脑病引起呼吸性酸中毒。

（2）血浆碳酸氢根降低可见于：① 糖尿病酮症、尿毒症、休克、严重腹泻、重度脱水、慢性肾上腺皮质功能减退等引起代谢性酸中毒。② 呼吸中枢兴奋、呼吸增快、换气过度，可出现呼吸性碱中毒。

【注意事项】

（1）血液样品及时离心，最好不接触空气分离，避免 CO_2 的散失。在由体温变到室温时 pH 上升，一般滴定终点 pH 应在 7.60 左右。病理状态下的 pH 可能不正常，常以血浆空白管作为滴定终点的比色对照，以便滴定至血浆在室温时的 pH。

（2）用 0.01 mol/L NaOH 滴定一定量的 0.01 mol/L HCl 时，用酚红为指示剂则以红色出现 10 s 不褪色为终点，滴定要迅速。

（3）本法检查结果不完全等于血浆实际 HCO_3^- 的浓度，当实际 HCO_3^- 的浓度很高时，其滴定结果可能偏低。

实验十二　自行设计性实验——唾液淀粉酶活性与脾虚证的关系研究

【学习目的】

（1）初步学习研究方案的设计写作，开展研究性实验，体会研究性实验的特点，学习研究论文的写作。过程包括：①课前围绕研究目标写出初步研究方案；②课堂实施研究过程；③课后完成研究小论文。

（2）掌握淀粉酶活性测定的方法。

（3）熟悉实验数据处理分析方法，了解运用生物化学技术开展中医学研究的一些基本要求、设计和分析方法。学生通过本实验，结合阅读材料，体会广州中医药大学王建华教授研究团队发现脾虚证与唾液淀粉酶活性关系的创新思路，学习其刻苦求真的科研精神。

【提供的实验条件】

（1）提供唾液淀粉酶活性测定所需的仪器、试剂和生物化学检测方法。

（2）提供脾虚证诊断的参考标准（由广州中医药大学脾胃研究所制定）。

（3）王建华教授关于发现脾虚证与唾液淀粉酶活性关系过程的自传材料（建议实验报告完成后才阅读）。

【提示和要求】

（1）题目（即研究目标）——探讨随机唾液淀粉酶活性变化与脾虚证的关系。

根据题目，检索相关科研性文献资料［可利用校图书馆期刊资源，也可上网检索，如在维普资源系统（http：//210.38.32.192/index.asp）通过关键词检索，查看相关科研文献，学习科研文献的写作规范和科研思路］。

（2）写出设计方案。研究方案报告要求有：①题目；②前言：研究目的、意义及基本思路（根据××原理或方法，提出××假说，并扼要介绍研究内容）；③具体的研究方案（设计实验去验证假说），包括实验对象、分组、指标检测方法、唾液淀粉酶的测定方法选择（原则是耗钱少，操作方便，精确度符合研究要求）等。

（3）课前进行脾虚证的诊断：选出5人组成诊断小组，根据脾胃研究所提供的脾虚证诊断参考标准，由诊断小组对全班每个学生进行诊断，分成脾虚组和非脾虚组两大组；向老师提交分组名单。

（4）课堂进行实验，取样、检测测试对象的唾液淀粉酶活性。

（5）课后阅读学习资料（王建华教授自传材料）。

（6）学生汇集全班数据，每人1份，总结实验结果，分析探讨唾液淀粉酶活性变化与脾虚证的关系，以小论文形式提交研究报告。论文格式如下：①题目。②前言。③材料与方法。④结果：计算与统计学分析。⑤讨论：根据结果，分析推导得出结论，你的假说能得到论证吗？在实验研究中你发现存在什么问题，以后需要如何进一步改善这个研究方案？能否进一步提出更有意义的问题？

附1 脾虚证诊断标准

脾虚证：
① 食欲减退；
② 食后或下午腹胀；
③ 大便溏；
④ 面色黄；
⑤ 肌瘦无力。
以上具备3项。
脾气虚再加上：
⑥神疲乏力；
⑦少气懒言；
⑧自汗；
⑨舌质淡、胖嫩，或有齿印；
⑩脉弱无力。
以上具备3项。

附2 唾液淀粉酶活性测定方法

（1）唾液采集：受试者找一安静地方坐下，以头向前下倾的姿势，张口，用试管1收集自然流出的唾液约5 min，约1 mL以上。然后用一小块柠檬酸纸片放于舌面上，再用试管2收集自然流出的唾液约2 min。采集到酸刺激前后的唾液（约1毫升/管），做好标记。

（2）唾液处理：收集的唾液3 000 r/min离心15 min；取上清20 μL（或100 μL）置于小离心管（或小锥形瓶）中，加入pH 6.7的PBS至6 mL（或30 mL），摇匀备用。

（3）按照表3-20进行实验。

表3-20 唾液淀粉酶活性测定　　　　　　　　　　　　　单位：mL

试　　剂	空白管	标准管	酸刺激前		酸刺激后	
			1号管	2号管	1号管	2号管
水	2	1	0.95	0.85	0.95	0.85
稀释唾液	—	—	0.05	0.15	0.05	0.15
摇匀，37 ℃水浴5 min，淀粉试剂瓶一起水浴						
0.25%淀粉	—	1	1	1	1	1
摇匀，37 ℃水浴15 min，从恒温水浴箱中取出						
10%硫酸	0.5	0.5	0.5	0.5	0.5	0.5
碘液	0.75	0.75	0.75	0.75	0.75	0.75

最后每管加蒸馏水至25 mL，摇匀，于630 nm测定吸光度A。

(4) 计算：根据唾液淀粉酶活性单位定义，1 mL唾液在37 ℃ 15 min水解1 mg淀粉作为1个单位，列出计算公式：

$$E = [(A_{标} - A_{测})/A_{标}] \times 2.5 \times (1/L)n$$

式中：E 为淀粉酶的活性单位；L 为所取稀释唾液的相应毫升数，即0.05或0.15 mL；n 为唾液稀释倍数，即6/0.02或30/0.1；1 mL 0.25%淀粉即2.5 mg淀粉。

附3　小样本平均差异的显著性检验——t检验

t检验是用于小样本（样本容量小于30）时，两个平均值差异程度的检验方法。它是用t分布理论来推断差异发生的概率，从而判定两个平均数的差异是否显著。其一般步骤如下。

第一步，建立虚无假设H_0：$\mu_1 = \mu_2$，即先假定两个总体平均数之间没有显著差异。

第二步，计算统计量t值，对于不同类型的问题选用不同的统计量计算方法。

(1) 如果要评判一个总体中的小样本平均数$\overline{X}$与总体平均值μ_0之间的差异程度，其统计量t值的计算公式为：

$$t = \frac{|\overline{X} - \mu_0|}{\sqrt{\dfrac{S}{n-1}}}$$

式中：S 为小样本的标准差；n 为样本数。

(2) 如果要评判两组样本平均数$\overline{X}_1$与$\overline{X}_2$之间的差异程度，其统计量t值的计算公式为：

$$t = \frac{|\overline{X}_1 - \overline{X}_2|}{\sqrt{\dfrac{\sum x_1^2 + \sum x_2^2}{n_1 + n_2 - 2} \cdot \dfrac{n_1 + n_2}{n_1 n_2}}}$$

式中：x_1 为第 1 组样本的标准差，n_1 为第 1 组样本数；x_2 为第 2 组样本的标准差，n_2 为第 2 组样本数。

第三步，根据自由度 $df = n - 1$，查 t 值表，找出规定的 t 理论值并进行比较。理论值差异的显著水平为 0.01 级或 0.05 级。不同自由度的显著水平理论值记为 $t(df)0.01$ 和 $t(df)0.05$。

第四步，比较计算得到的实际 t 值和查表的理论值 $t(df)0.01$、$t(df)0.05$，推断差异发生的概率，依据表 3-21 给出的 t 值与差异显著性关系做出判断。

表 3-21　t 值与差异显著性关系

t	p 值	差异显著程度
$t \geq t(df)0.01$	$p \leq 0.01$	差异非常显著
$t \geq t(df)0.05$	$p \leq 0.05$	差异显著
$t < t(df)0.05$	$p > 0.05$	差异不显著

第五步，根据以上分析，结合具体情况，做出结论。

下面再通过一个实例说明如何利用 SPSS 进行两个独立样本 t 检验。

例　为探索某新药治疗贫血的疗效，将 20 名患者随机分成新药治疗组和常规药治疗组，治疗后测得血红蛋白增加量（g/L）结果见下表。问两种药物的疗效是否有差别？

治疗药物	血红蛋白增加量/(g·L^{-1})								
新药组	30.4	21.3	25.2	34.5	33.0	23.7	24.3	25.5	29.5	32.5
常规药组	19.5	19.7	12.0	21.4	24.5	15.5	19.0	22.0	21.2	24.2

操作步骤如下。

（1）录入数据：定义变量"组别"、"血红蛋白增加量"，分别录入数据，其中"组别"变量"1"代表新药组，"2"代表常规药组。

组别	血红蛋白
1	30.40
1	21.30
1	25.20
1	34.50
1	33.00
1	23.70
1	24.30
1	25.50
1	29.50
1	32.50
2	24.20
2	19.50
2	19.70
2	12.00
2	21.40
2	24.50
2	15.50
2	19.00
2	22.00
2	21.20

（2）依次选择"Analyze→Compare Means→Independent-Samples T Test…"命令。

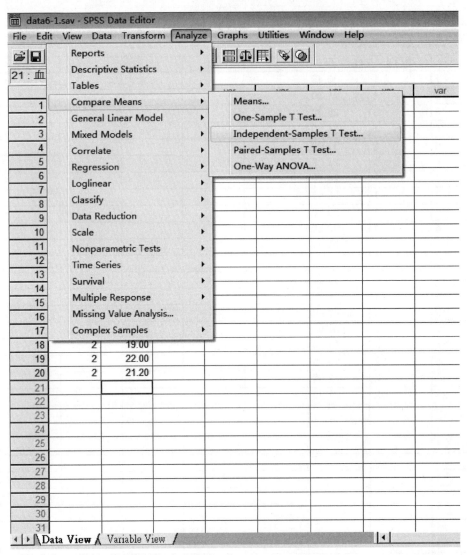

（3）在弹出的"Independent-Samples T Test"对话框，将"血红蛋白增加量"选入"Test Variable"框中，"组别"选入"Grouping Variable"框中。

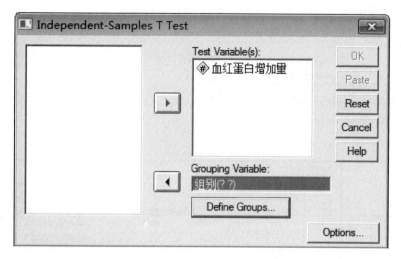

（4）点击"Define Groups"，在弹出的对话框中填入对应的组别"1"和"2"，点击"Continue"。

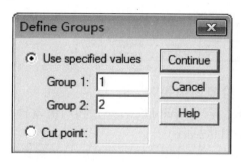

（5）回到步骤（3）的对话框，点击"OK"。

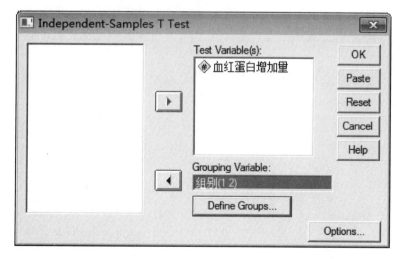

(6) 在输出界面中显示 t 检验的各种相关的数据。

T-Test

Group Statistics

	group	N	Mean	Std. Deviation	Std. Error Mean
y	新药组	10	27.9900	4.55984	1.44195
	常规药物组	10	20.2100	3.81822	1.20743

Independent Samples Test

		Levene's Test for Equality of Variances		t-test for Equality of Means					95% Confidence Interval of the Difference	
		F	Sig.	t	df	Sig. (2-tailed)	Mean Difference	Std. Error Difference	Lower	Upper
y	Equal variances assumed	1.345	.261	4.137	18	.001	7.78000	1.88071	3.82876	11.73124
	Equal variances not assumed			4.137	17.461	.001	7.78000	1.88071	3.82001	11.73999

T-Test

Group Statistics

	组别	N	Mean	Std. Deviation	Std. Error Mean
血红蛋白增加量	新药组	10	27.9900	4.55423	1.44017
	常规药物组	10	19.9000	3.81197	1.20545

(7) 结果分析：t 检验的结果为 t 值（t）、自由度（df）、双尾显著性概率（Sig.，即 p 值）、均值差异（mean difference）和均值差异的 95% 置信区间（95% confidence interval of the difference）。

从 SPSS 结果表可知，$p = 0.001$，所以新药组与常规药物组之间存在显著差异，新药组的血红蛋白平均增加量高于常规药物组。

第四章　分子生物学技术和实验

实验十三　组织 RNA 的提取纯化
（异硫氰酸胍—酚—氯仿一步法）

【原理】

Trizol 试剂中的主要成分为异硫氰酸胍和苯酚，其中异硫氰酸胍可裂解细胞，促使核蛋白体解离，使 RNA 与蛋白质分离，并将 RNA 释放到溶液中。当加入氯仿时，它可抽提酸性的苯酚，而酸性苯酚可促使 RNA 进入水相，离心后可形成水相层和有机相层，这样 RNA 与仍留在有机相中的蛋白质和 DNA 分离开。水相层（无色）主要为 RNA，有机层（黄色）主要为 DNA 和蛋白质。用 Trizol 试剂可提取到较完整、较纯的总 RNA。

【试剂】

（1）Trizol 试剂。在 2 000 mL 的烧杯中加入以下物质，混合均匀：500 mL 重蒸苯酚、250 g 异硫氰酸胍、293 mL 蒸馏水、17.6 mL 0.75 mol/L 柠檬酸钠溶液（pH≥7.0）、26.4 mL 10% sarcosy（十二烷基肌氨酸钠）溶液、50 mL 2 mol/L NaAc 溶液（pH≥4.0）。

注：①水和苯酚部分互溶，Trizol 中苯酚被水饱和，形成均匀溶液；②NaAc 等盐类的作用是提供缓冲环境；③Trizol 需 4 ℃ 低温保存，保质期约 1 年。

（2）氯仿。

（3）异丙醇。

（4）75% 乙醇（DEPC H_2O 配制）。

（5）DEPC H_2O。

【操作】

（1）样品处理：

1）培养细胞：收获细胞$(1\sim5)\times10^7$，移入 1.5 mL 离心管中，加入 1 mL

Trizol，混匀，室温静置 5 min。

2）组织：取 50～100 mg 大鼠肝组织（新鲜或 -70 ℃ 及液氮中保存的组织均可）置于 1.5 mL 离心管中，加入 1 mL Trizol 充分匀浆，如果是胃等较难破碎的液氮保存组织，最好加液氮研磨，室温静置 5 min。

（2）加入 0.2 mL 氯仿，振荡 15 s，静置 2 min。

（3）4 ℃ 离心，12 000 g × 15 min，取上清。

（4）加入 0.5 mL 异丙醇，将管中液体轻轻混匀，室温静置 10 min。

（5）4 ℃ 离心，12 000 g × 10 min，弃上清。

（6）加入 1 mL 75% 乙醇，轻轻洗涤沉淀。4 ℃ 离心，7 500 g × 5 min，弃上清。

（7）晾干，加入适量的灭菌 DEPC H_2O 溶解（65 ℃ 促溶 10～15 min）。

（8）取适量 RNA 溶液分别进行琼脂糖凝胶电泳鉴定和紫外分光光度法分析定量。

【注意事项】

RNA 提取的基本原理是通过变性剂破碎细胞或者组织，然后经过氯仿等有机溶剂抽提 RNA，再经过沉淀、洗涤、晾干，最后溶解。但是由于 RNA 酶无处不在，随时可能将 RNA 降解，所以实验中有很多地方需要注意，稍有疏忽就会前功尽弃。

所有 RNA 的提取过程中都有 5 个关键点：①样品细胞或组织的有效破碎；②有效地使核蛋白复合体变性；③对内源 RNA 酶的有效抑制；④有效地将 RNA 从 DNA 和蛋白混合物中分离；⑤对于多糖含量高的样品还牵涉到多糖杂质的有效除去。但其中最关键的是抑制 RNA 酶活性。目前 RNA 的提取阶段主要可采用两种途径：提取总核酸，再用氯化锂将 RNA 沉淀出来；直接在酸性条件下抽提，酸性下 DNA 与蛋白质进入有机相而 RNA 留在水相。第一种提取方法将导致小相对分子质量 RNA 的丢失，目前该方法的使用频率已很低。

RNA 极易被 RNase 降解，RNase 耐高温，较弱的变性剂不足以使其完全变性，所以要获得完整的 RNA 必须采取严格的防降解措施：采用蛋白质强变性剂胍盐，所有试剂、水、器皿用 DEPC 处理并高温消毒灭活 RNase，提纯后的 RNA 样品加入 RNase 专一抑制剂 Rasin，等等。基因组 DNA 不溶于低盐溶液，这一特点可应用于粗提 RNA 或质粒 DNA 时除去大部分基因组 DNA。目标为 RNA 时，还常加入不含 RNase 的 DNase 除去残余的 DNA。

实验十四　基因组 DNA 的提取纯化

【原理】

DNA 是遗传信息的载体，是最重要的生物信息分子，是分子生物学研究的主要对象，因此 DNA 的提取是分子生物学实验技术中最重要、最基本的操作。基因组 DNA 的提取通常用于构建基因组文库、Southern 杂交、分子标记及 PCR 检测等。

真核生物的一切有核细胞（包括培养细胞）都能用来制备基因组 DNA。真核生物的 DNA 是以染色体的形式存在于细胞核内，因此，制备 DNA 的原则是既要将 DNA 与蛋白质、脂类和糖类等分离，又要保持 DNA 分子的完整。

提取 DNA 的一般过程是将分散好的组织细胞在含 SDS（十二烷基硫酸钠）和蛋白酶 K 的溶液中消化分解蛋白质，再用酚和氯仿—异戊醇抽提分离蛋白质，蛋白质（含核酸酶）在苯酚的作用下，其二级结构被破坏，从而变性失活，菌体破裂，DNA、RNA 可溶于 TE 缓冲液中。离心除去变性蛋白质和菌体碎片，上清即为 DNA、RNA 和一些水溶性杂质。乙醇可沉淀生物大分子，得到的核酸溶液经乙醇沉淀使 DNA、RNA 从溶液中析出。离心可除去水溶性小分子，收集沉淀即为总核酸，包含所有 DNA、RNA。

DNA 可被 DNase 降解，DNase 的活性必须有二价离子的存在，故加入螯合剂 EDTA 可抑制 DNase 活性而保护 DNA，DNase 不耐高温，45 ℃处理可使其失活。目标为 DNA 时，加入 RNase 可在较高温度（50 ℃）下保温使 RNA 降解以除 RNA，DNA 分子就可被完整地分离出来。

【试剂】

（1）TE 溶液：10 mmol/L Tris – HCl（pH 8.0）、1 mmol/L EDTA。
（2）平衡饱和酚溶液：用 Tris – HCl（pH 8.0）缓冲液萃取重蒸酚至 pH 8.0。
（3）氯仿—异戊醇（24∶1）。

【仪器】

恒温水浴锅、台式离心机、紫外分光光度计、移液器、离心管（灭菌）、吸头（灭菌）。

【操作】

（1）大肠杆菌 DH5α 用 LB 培养基培养过夜，用消毒的 1.5 mL 小指管离心

2 min，收集大肠杆菌沉淀备用（-20 ℃可长期保存，但 RNA 会降解），把培养基倒干净。

（2）每管加入 TE 溶液 400 μL，用枪吹打均匀，平衡饱和酚 400 μL，激烈振荡（或吸打）10～15 s（小心酚渗漏）。

（3）10 000 r/min 离心 2 min，用中枪小心把上清移入另一洁净 1.5 mL EP 管中（尽量不要吸到中间蛋白质层），弃下层酚管。

（4）加入等体积（400 μL）氯仿—异戊醇（24∶1），上下充分振摇 1 min（小心氯仿渗漏）。

（5）10 000 r/min 离心 2 min，用中枪小心把上清液吸到另一洁净小指管，小心勿吸到水相与有机相之间的杂质层［如果吸到水相与有机相之间的杂质，则需重复离心。如果杂质很多，可加入 300 μL 平衡饱和酚，然后按步骤（3）、（4）、（5）重复抽提 1 次］。

（6）向上清液小指管加入 2.5 倍体积 95% 乙醇，按紧管口上下缓慢颠倒 2 min，有絮状沉淀析出。静置 5 min，管盖尾向外离心 10 min，弃上清，打开盖把管倒放在滤纸上以吸弃最后残留上清（注意不要搅起、振动，以免倒掉核酸沉淀），加少量无水乙醇小心洗去管壁上的水珠，倒掉乙醇。开盖放 5 min，在空气中晾干至管壁不见液珠。

（7）沉淀用 50 μL TE 溶解，注意溶解管壁上的沉淀，用移液器充分搅匀（50 ℃水浴 5 min 更有利于溶解 DNA 和灭活 DNase）。

（8）加入 RNase，50 ℃保温 10～20 min，除去 RNA。

（9）吸 10 μL 点样，按实验十六进行琼脂糖凝胶电泳。其余核酸样品按实验十七进行紫外分光光度法定量。如果需要同时电泳观察 RNA，则第（8）步改为在吸出样品用于电泳之后。

【注意事项】

苯酚一定要用 Tris 碱缓冲液平衡。苯酚具有高度腐蚀性，飞溅到皮肤、黏膜和眼睛会造成损伤，因此应注意防护。氯仿易燃、易爆、易挥发，具有神经毒作用，操作时应注意防护。在抽提过程中如果水相和有机层的界面不太清楚，说明其中蛋白质含量较高，可增加酚—氯仿抽提的次数或适当延长离心的时间。操作过程尽量在低温下进行，避免 DNA 降解。提取得到的基因组 DNA 应为单一条带，DNA 降解可形成弥散带型。

实验十五　质粒 DNA 的提取纯化（碱裂解法）

【原理】

质粒（plasmid）是一种染色体外的稳定遗传因子，大小在 1~200 kb 之间，是具有双链闭合环状结构的 DNA 分子，主要发现于细菌、放线菌和真菌细胞中。质粒是基因工程中的常用载体（vector）。

所有分离质粒 DNA 的方法都包括三个基本步骤：培养细菌使质粒扩增，收集和裂解细胞，分离和纯化质粒 DNA。碱裂解法提取质粒是根据共价闭合环状质粒 DNA 与线性染色体 DNA 在拓扑学上的差异来分离它们。在 pH 介于 12.0~12.5 这个狭窄的范围内，线性的 DNA 双螺旋结构解开而变性；尽管在这样的条件下，共价闭环质粒 DNA 的氢键会断裂，但两条互补链彼此相互盘绕，仍会紧密地结合在一起。当加入 pH 4.8 的乙酸钾高盐缓冲液恢复 pH 至中性时，由于共价闭环质粒 DNA 的两条互补链仍保持在一起，因此复性迅速而准确；而线性的染色体 DNA 的两条互补链彼此已完全分开，复性就不会那么迅速而准确，它们缠绕形成网状结构，通过离心，染色体 DNA、不稳定的大分子 RNA、蛋白质 – SDS 复合物等一起沉淀下来而被除去。

在 EDTA 存在下，用溶菌酶破坏细菌细胞壁，同时经过 NaOH 和阴离子去污剂 SDS 处理使细胞膜崩解，菌体达到充分的裂解，细菌染色体 DNA 缠绕附着在细胞膜碎片上，离心时易被沉淀出来，而质粒 DNA 则留在上清液内，其中还含有可溶性蛋白、核糖核蛋白、RNA 和少量染色体 DNA。蛋白和 RNA 可加入蛋白水解酶和 RNase 使它们分解，通过碱性酚（pH 8.0）和氯仿—异戊醇混合液的抽提可以除去蛋白质等。异戊醇的作用是降低表面张力，减少抽提过程产生的泡沫，并使离心后水层、变性蛋白质层和有机层维持稳定。含有质粒 DNA 的上清液可用乙醇或异戊醇沉淀，获得质粒 DNA。

【试剂】

（1）LB 培养基：在 950 mL 蒸馏水中加入胰蛋白胨 10 g、NaCl 10 g、酵母提取物 5 g，溶解后，用 5 mol/L NaOH 调 pH 7.0，加蒸馏水至总体积 1 000 mL，1.034×10^5 Pa（即 15 lbf/in^2。1 kPa = 0.145 lbf/in^2）高压灭菌 20 min 备用。

（2）溶液 I：50 mmol/L 葡萄糖、25 mmol/L Tris – HCl（pH 8.0）、10 mmol/L EDTA（pH 8.0）。在烧杯中加入 1 mol/L Tris – HCl（pH 8.0）12.5 mL、0.5 mol/L EDTA（pH 8.0）10 mL、葡萄糖 4.730 g，加 ddH$_2$O 定容至 500 mL。在 10 lbf/in^2

高压灭菌 15 min，贮存于 4 ℃。

（3）溶液Ⅱ：0.2 mol/L NaOH、1% SDS。2 mol/L NaOH 1 mL、10% SDS 1 mL，加 ddH$_2$O 至 10 mL。使用前临时配制。

（4）溶液Ⅲ：醋酸钾（KAc）缓冲液，pH 4.8。5 mol/L KAc 300 mL、冰醋酸 57.5 mL，加 ddH$_2$O 至 500 mL。4 ℃保存备用。

（5）TE：10 mmol/L Tris－HCl（pH 8.0）、1 mmol/L EDTA（pH 8.0）。1 mol/L Tris－HCl（pH 8.0）1 mL、0.5 mol/L EDTA（pH 8.0）0.2 mL，加 ddH$_2$O 至 100 mL。15 lbf/in^2 高压湿热灭菌 20 min，4 ℃保存备用。

（6）苯酚—氯仿—异戊醇（25:24:1）。

（7）乙醇（无水乙醇、70%乙醇）。

（8）10×TBE 电泳缓冲液：0.45 mol/L Tris－硼酸缓冲液。称取 Tris 碱 54 g、硼酸 27.5 g、EDTA－Na$_2$·2H$_2$O 4.65 g，加 ddH$_2$O 至 1 000 mL。15 lbf/in^2 高压湿热灭菌 20 min，4 ℃保存备用。

（9）溴化乙啶（EB）：10 mg/mL。

（10）RNase A（RNA 酶 A）：将 RNase A 溶解于 15 mmol/L NaCl、10 mmol/L Tris－HCl（pH 7.6）缓冲液中，使其终浓度为 10 mg/mL，煮沸 15 min 使 DNase 失活。4 ℃或 －20 ℃保存。

（11）6×loading buffer（上样缓冲液）：0.25%溴酚蓝、40%（W/V）蔗糖水溶液。

（12）1% 琼脂糖凝胶：称取 1 g 琼脂糖于三角烧瓶中，加 100 mL 1×TBE，微波炉加热至完全溶化，冷却至 60 ℃左右，加 EB 母液（10 mg/mL）至终浓度 0.5 μg/mL（注意：EB 为强诱变剂，操作时要戴手套），轻轻摇匀。缓缓倒入架有梳子的电泳胶板中，勿使有气泡，静置冷却 30 min 以上，轻轻拔出梳子，放入电泳槽中（电泳缓冲液 1×TBE），即可上样。

【操作】

（1）挑取 LB 固体培养基上生长的单菌落，接种于 2.0 mL LB（含相应抗生素）液体培养基中，37 ℃ 250 r/min 振荡培养过夜（12～14 h）。

（2）取 1.5 mL 培养物置于微量离心管中，室温离心 8 000 g×1 min，弃上清，将离心管倒置，使液体尽可能流尽。

（3）将细菌沉淀重悬于 100 μL 预冷的溶液Ⅰ中，剧烈振荡，使菌体分散混匀。

（4）加 200 μL 新鲜配制的溶液Ⅱ，颠倒数次混匀（不要剧烈振荡），并将离心管放置于冰上 2～3 min，使细胞膜裂解（溶液Ⅱ为裂解液，故离心管中菌液逐渐变清）。

（5）加入 150 μL 预冷的溶液Ⅲ，将管温和颠倒数次混匀，见白色絮状沉淀，可在冰上放置 3～5 min。溶液Ⅲ为中和溶液，此时质粒 DNA 复性，染色体和蛋白质不可逆变性，形成不可溶复合物，同时 K^+ 使 SDS-蛋白复合物沉淀。4 ℃离心 12 000 g×10 min。

（6）取上清于一新小指管中，加入 450 μL 的苯酚—氯仿—异戊醇，振荡混匀，4 ℃离心 12 000 g×5 min。此步可重复一次。再取上清于一新小指管中，加入等体积氯仿—异戊醇同法抽提一次。

（7）小心移出上清于一新小指管中，加入 2.5 倍体积预冷的无水乙醇，混匀，室温放置 2～5 min，4 ℃离心 12 000 g×15 min。

（8）1 mL 预冷的 70% 乙醇洗涤沉淀 1～2 次，4 ℃离心 8 000 g×7 min，弃上清，将沉淀在室温下晾干。

（9）沉淀溶于 20 μL TE（含 RNase A 20 μg/mL），37 ℃水浴 30 min 以降解 RNA 分子，-20 ℃保存备用。

（10）琼脂糖凝胶电泳鉴定。

可用微柱试剂盒法提纯质粒，即旋转式（离心）柱层析法。（1）～（5）步碱裂解基本与上面的步骤相同，然后取离心上清液用 DNA 的亲和层析微柱进一步纯化质粒。具体步骤参照试剂盒说明书。

实验十六　核酸的琼脂糖凝胶电泳

【原理】

琼脂糖是一种直链多糖。它是由β-D吡喃半乳糖和3,6-脱水半乳糖以1,3-β糖苷键相连的双糖聚合物，链状琼脂糖分子之间相互以氢键交联，形成网络系统。琼脂糖带有亲水性，不含有带电荷的基团，也不会引起核酸分子的变性，而且不吸附被分离的物质，因此成为基因工程上首选的凝胶剂。

核酸分子在琼脂糖凝胶电场中时，分子上带电基团在pH 8.0条件下带负电荷，在电场作用下移向正极。核酸分子在电场中的迁移率与下列因素有关：

(1) 核酸分子的大小。在相同的条件下，小分子的迁移率大，大分子的迁移率小。其中线状双链DNA分子在一定浓度琼脂糖上电泳的速度与线状双链DNA分子的相对分子质量对数成反比。所以根据迁移率大小可测定DNA分子的大小。不过实际应用时，通常将待测定的DNA和已知分子相对分子质量大小的标准DNA片段进行电泳对照。观察其迁移距离，就可知该样品的相对分子质量大小。

(2) 核酸构象。质粒DNA通常具有三种不同的构象：超螺旋型、线型、开环型。这三种构型分子有不同的迁移率。一般情况下，超螺旋型分子迁移速度最快，其次为线型分子，最慢的为开环型分子。若提取到的质粒DNA样品中还有染色体DNA或RNA，在琼脂糖凝胶电泳上也可以分别观察到电泳区带，由此可分析样品的纯度。

(3) 电泳条件。低电压时，线状DNA片段的迁移速度与电压成正比，当电压高时，大相对分子质量DNA片段的迁移速度就不再与电压成正比，所以电压一般不超过5 V/cm。电泳液采用缓冲液，以保证较稳定的pH。pH的剧烈变化会影响DNA分子所带的电荷，因而影响正常的电泳速度。

(4) 琼脂糖浓度。浓度越大，迁移率越小，当样品的相对分子质量较大时（>10 kb），宜用较稀（0.7%~0.8%）的琼脂糖浓度；当样品的相对分子质量较小时（<500 bp），浓度可选大些（2%）。通常选用1%的凝胶，此浓度下分离DNA分子的范围为0.8~10.0 kb。

当核酸样品在琼脂糖凝胶中电泳时，加入能发射荧光的溴化乙啶（EB），EB就插入DNA分子中，形成荧光络合物，在紫外线照射下其发射荧光增强几十倍，可用肉眼观察到纳克级核酸这样极微量的DNA。

【试剂】

(1) DNA Marker 或者 RNA Marker（相对分子质量标准）。

(2) DNA 样品。

(3) 6×加样缓冲液：0.25% 溴酚蓝、40%（W/V）蔗糖。

(4) 1×电泳缓冲液：40 mmol/L Tris – HCl（pH 8.0）、2 mmol/L EDTA。

(5) 溴化乙啶溶液：0.05 mg/mL。

(6) 琼脂糖。

【仪器】

水平式电泳槽、电泳仪、微量移液器。

【操作】

(1) 按所分离的 DNA 分子的大小范围，称取适量的琼脂糖粉末，加入锥形瓶中，加入适量的 0.5×TBE 电泳缓冲液。然后置于微波炉加热至完全溶化，溶液透明。稍摇匀，获得胶液。冷却至 60 ℃ 左右，在胶液内加入适量的 EB 至质量浓度为 0.5 μg/mL。

(2) 取有机玻璃制胶板槽，用透明胶带沿胶槽四周封严，并滴加少量的胶液封好胶带与胶槽之间的缝隙。

(3) 水平放置胶槽，在一端插好梳子，在槽内缓慢倒入已冷至 60 ℃ 左右的胶液，使之形成均匀水平的胶面。

(4) 待胶凝固后，小心拔起梳子，撕下透明胶带，把胶槽放进电泳槽内，使加样孔端置于阴极。

(5) 在槽内加入 1×电泳缓冲液，至液面覆盖过胶面。

(6) 把待检测的样品按一定比例与加样缓冲液在洁净载玻片或者塑料纸上小心混匀，用移液枪加至凝胶的加样孔中。

(7) 接通电泳仪和电泳槽，并接通电源，调节稳压输出，电压最高不超过 5 V/cm，开始电泳。样品点样到阴极端。根据经验调节电压使分带清晰。

(8) 观察溴酚蓝的带（蓝色）的移动。当其移动至 1/2～2/3 位置时，停止电泳。

(9) 染色：把胶槽取出，小心滑出胶块，水平放置于一张保鲜膜或其他支持物上，放进 EB 溶液中进行染色，完全浸泡约 30 min。如果缓冲液中已加入 EB，可以省略此步骤直接用紫外透射仪观察结果。

(10) 在紫外透射仪的样品台上放置保鲜膜，赶去气泡平铺，然后把已染色的凝胶放在上面。关上样品室外门，打开紫外灯（360 nm 或 254 nm），通过观察孔进行观察。

【注意事项】

(1) 电泳中使用的 EB 为中度毒性、强致癌性物质，务必小心，勿沾染于衣物、皮肤、眼睛、口、鼻等处。所有操作均只能在专门的电泳区域进行，戴一次性手套，并及时更换。

（2）预先加入 EB 时可能使 DNA 的泳动速度下降 15% 左右，而且对不同构型的 DNA 的影响程度不同。所以为取得较真实的电泳结果，可以在电泳结束后再用 0.5 μg/mL 的 EB 溶液浸泡染色。若胶内或样品内已加 EB，染色步骤可省略；若凝胶放置一段时间后才观察，即使原来胶内或样品已加 EB，也建议增加此步。

（3）加样进胶时不要形成气泡，需在凝胶液未凝固之前及时清除，否则需重新制胶。

实验十七　核酸的紫外分光光度法定量测定

【原理】

分光光度计采用一个可以产生多个波长的光源，通过系列分光装置，产生特定波长的光源，透过测试的样品后，部分光源被吸收，计算样品的吸光值，从而转化成样品的浓度。组成 DNA 分子碱基的嘌呤环和嘧啶环含有共轭双键，具有吸收紫外线的特性，最大吸收值在波长为 250～270 nm 之间。这些碱基与戊糖、磷酸形成核苷酸后，DNA 的最大吸收波长是 260 nm。核酸浓度与其吸光度成正比。通过测定 DNA 样品在 260 nm 的紫外吸收值，可以计算出 DNA 样品的浓度，也可以用 OD_{260}/OD_{280} 的值检查核酸的纯度。

【仪器和试剂】

（1）紫外分光光度计、比色杯、微量移液器。
（2）纯化好的 DNA 样品、RNA 样品、ddH_2O。

【操作】

将 RNase 处理过已去除 RNA 的 DNA 样品，或 DNase 处理过已去除 DNA 的 RNA 样品溶于无菌水中，相应溶液稀释后，用 DNA/RNA 微量定量计测定 OD_{260}、OD_{280}，分别计算 DNA 或 RNA 样品的质量浓度和总量以及 OD_{260}/OD_{280} 的值。

【结果判定】

（1）DNA 样品的浓度：每种核酸的分子构成不一，因此其换算系数不同。

双链 DNA 质量浓度（g/L 或 μg/μL）= OD_{260} × 样品稀释倍数 × 50/1000

RNA、单链 DNA 质量浓度（g/L 或 μg/μL）= OD_{260} × 样品稀释倍数 × 40/1000

（2）DNA 样品的纯度：OD_{260}/OD_{280} 比值大于 1.8，说明可能仍存在 RNA，可以考虑用 RNase 处理样品。OD_{260}/OD_{280} 比值大于 2.2，可能有其他非大分子杂质。OD_{260}/OD_{280} 比值小于 1.6，说明样品中存在蛋白质或酚，应再用酚—氯仿抽提后，以乙醇沉淀纯化 DNA。另外，测定 OD_{260} 及 OD_{280} 数值时，要使 OD_{260} 读数在 0.1～0.5 之间，此范围线性最好。测 OD 值时，对照及样品稀释液要使用 10 mmol/L Tris（pH 7.5）。用水作为稀释液将导致比值偏低。

【注意事项】

（1）测定前应通电 20 min 使预热。

（2）吸收池的校正：要固定参比杯和样品杯，可在杯的毛玻璃面上记上记号。用盛有参比液的参比杯和样品杯测定吸光度"A_0"，样品杯换上样品液后测定的吸光度为"A_1"，则校正后的实际吸光度 $A = A_1 - A_0$。每次操作均需设置对照，在 260 nm 和 280 nm 处需校正零点。

（3）吸收池的使用：①每次检测前后必须将比色杯清洗干净，尤其是盛过蛋白质等溶液的杯子，干燥后形成一层膜，不易洗去，通常杯子不用时可放在 1% 洗洁净溶液中浸泡，去污效果好，使用时用水冲洗干净，要求杯壁不挂水珠；还可以用绸布、丝线或软塑料制作一个小刷子清洗杯子。② 严禁用手指触摸透光面，因为指纹不易洗净。严禁用硬纸和布擦拭透光面，只能使用镜头纸和绸布。③ 严禁加热烘烤。急用干的杯子时，可用酒精荡洗后用冷风吹干。绝不可用超声波清洗器清洗。

实验十八　质粒 DNA 的限制性核酸内切酶酶切

【目的要求】

（1）掌握 DNA 体外重组技术中限制性核酸内切酶的酶切方法。
（2）了解酶切反应条件及原理。

【原理】

限制性核酸内切酶能够专一识别 DNA 双链上某些碱基顺序。如：BamH Ⅰ 酶的识别顺序为：

$$5'\cdots G\downarrow G-A-T-C-C\cdots 3'$$
$$3'\cdots C-C-T-A-G\uparrow G\cdots 5'$$

若用 BamH Ⅰ 酶切只有一个 BamH Ⅰ 酶切位点的环状双链 DNA 分子，就能产生带有两个 GATC 碱基顺序的黏性末端的线状 DNA 分子：

环状双链 DNA
　　↓BamH Ⅰ 酶切
5′ GATCC ＿＿＿＿＿＿ G3′
　　3′G ＿＿＿＿＿＿ CCTAG5′　　带 GATC 黏性末端的线状分子

pUC 18 质粒上，只有一个 BamH Ⅰ 酶切位点，所以在本实验中用 BamH Ⅰ 酶切后能产生 pUC 18 带有互补黏性末端的线状分子，如果加入另一个带相同限制性内切酶切出黏性末端的目标基因片段，通过连接酶的连接，就可构建成重组质粒。

本实验要求用 BamH Ⅰ 酶消化质粒，酶切反应要完全。影响酶切反应的因素有：①底物 DNA 样品的纯度；②离子浓度；③底物 DNA 的量；④酶切反应温度；⑤酶切时间。

【仪器器材】

（1）仪器：电热恒温水浴锅、琼脂糖凝胶电泳设备、紫外检测仪、微量移液器。
（2）器材：移液器吸头（tips）、小指管（Eppendorf）。

【试剂】

（1）pUC 18 质粒样品。

(2) 酶及其缓冲液。

(3) 无菌双蒸水（ddH_2O）。

(4) 琼脂糖凝胶电泳试剂（见实验十六的相关内容）。

【操作】

(1) 用微量移液器吸取下列试剂于一个编号的 Eppendorf 管内（按次序加样），制备 pUC 18 质粒的酶切反应液：

灭菌 ddH_2O	31 μL（用于调整反应液体积）
10×中盐缓冲液	4 μL
*Bam*H Ⅰ 酶	2 μL
pUC 18 质粒 DNA	3 μL（约 0.4 μg）
总体积	40 μL

(2) 盖紧上述 Eppendorf 管的盖子；用手指轻弹底部溶液，混合均匀；置于高速离心机上离心 2 s，使反应液甩入管底部。

(3) 将上述 Eppendorf 管置于 37 ℃ 恒温水浴锅中，保温 1 h。进行限制核酸内切酶酶切反应。

(4) 取上述样品的酶切反应液 10 μL，另取未酶切的质粒 DNA 2 μL 作为对照，进行琼脂糖凝胶电泳，观察酶切反应结果；剩余的样品继续在 37 ℃ 水浴中酶切，直至电泳观察酶切反应完全为止。

实验十九　DNA 酶切片段的体外连接

【目的要求】

通过体外重组 pUC – U 质粒 DNA 的实验，了解连接酶及连接反应的原理。

【原理】

在体外用 *Bam*H Ⅰ 酶切两种质粒 DNA 后，产生 GATC 黏性末端，这些末端之间可以由氢键相配对而连起来。但在两个相连的片段之间的 5′ – P 和 3′ – OH 未能连上，仍有缺口，利用 DNA 连接酶的催化作用，使这些缺口通过共价键连接起来，构成完整的 pUC – U 质粒。

T_4DNA 连接酶是由 T_4 噬菌体 DNA 编码的酶，可以连接双链 DNA 分子中的 5′ – P 和 3′ – OH。影响 T_4DNA 连接酶的主要因素有：①连接用量；②作用时间和温度；③底物浓度。

【仪器器材】

（1）仪器：微量移液器、保温瓶、台式高速离心机、普通冰箱。

（2）器皿：硅化的 Eppendorf 管、移液器吸头（tips）。

【试剂】

（1）*Bam*H Ⅰ 酶切的 pUC 18 质粒 DNA。

（2）*Bam*H Ⅰ 酶切的 pVT – 102U 质粒 DNA。

（3）T_4DNA 连接酶及其缓冲液。

（4）无菌双蒸水（ddH_2O）。

【操作】

（1）用微量移液器分别吸取 pUC 18 质粒 DNA 酶切反应液和 pVT – 102U 质粒 DNA 酶切反应液各 15 μL，置于同一个硅化 Eppendorf 管内，混合均匀。

（2）取 10 × T_4DNA 连接酶的缓冲液 4 μL，小心注于 Eppendorf 管底内壁，取灭菌双蒸水 4 μL 同样注于离心管内。

（3）用另一干净的移液器吸头（tips）吸取 T_4DNA 连接酶 2 μL，注入硅化小管内部。总反应体积为 40 μL。

（4）将硅化 Eppendorf 管置于台式高速离心机上离心 2 s，使管壁上的试剂全部甩向底部，混合好。

（5）在保温瓶内先装上自来水，用冰调至 12 ℃，然后将装有反应液的硅化 Eppendorf 管置于保温瓶内过夜，也可将保温瓶置于普通冰箱冷藏室数天直至下一步反应时用。

（6）在保温反应期间，要不时检查保温瓶内水的温度，应不超过 15 ℃。

实验二十　大肠杆菌感受态细胞的制备

【目的要求】

了解感受态细胞生理特性及制备条件，掌握大肠杆菌感受态细胞制备方法。

【原理】

所谓感受态是指一个生长过程中的细菌培养物，只有某一生长阶段中的细菌才能作为转化的受体，接受外源 DNA 而不将其降解的生理状态。感受态形成后，细胞生理状态会发生改变，出现各种蛋白质和酶，负责供体 DNA 的结合和加工等。细胞表面正电荷增加，通透性增加，形成能接受外来 DNA 分子的受体位点等。

本实验为了把外源 DNA（pUC–U）引入大肠杆菌，就必须先制备能吸收外来 DNA 分子的感受态细胞。在细菌中，能形成感受态细胞的只占极少数，而且细菌的感受态是在短暂时间内发生的。目前对感受态能接受外来 DNA 分子的本质看法不一，主要有两种假说：

（1）局部原生质体化假说——细胞表面的细胞壁结构发生变化，即局部失去细胞壁或局部溶解细胞壁，使 DNA 分子能通过质膜进入细胞。支持证据有：①发芽的芽孢杆菌容易转化；②大肠杆菌的原生质不能被噬菌体感染，却能受噬菌体 DNA 转化；③适量的溶菌酶能提高转化率。

（2）酶受体假说——感受态细胞的表面形成一种能接受 DNA 的酶受体位点，使 DNA 分子能进入细胞。支持证据有：①蛋白质合成的抑制剂，如氯霉素可以抑制转化作用；②在细胞分裂过程中，一直有局部原生质化，但感受态只在对数生长期的中早期发现；③分离到感受态因子，能使非感受细胞转变为感受态细胞。

一般认为：①大肠杆菌受体菌培养时间为培养液的光密度值 OD_{550} 在 0.2～0.3 之间（相当于每毫升含 $5×10^7$～$6×10^7$ 个细胞）最好；②菌体用预冷的 $CaCl_2$ 洗涤 2 次，效果较好；③100 mmol/L $CaCl_2$ 处理可获得最高转化率；④菌体在 pH 6.0 的溶液中悬浮为最适宜；⑤经 $CaCl_2$ 处理过的细胞对表面活性剂非常敏感，所用的玻璃离心管等用具必须严格清洗。

【仪器器材】

（1）仪器：恒温振荡器、721 型分光光度计、沉淀离心机、旋涡混合器、微量移液器。

（2）器材：三角烧瓶、试管、移液器吸头（tips）、刻度离心管（10 mL）、保温瓶、酒精灯。

【试剂】

（1）菌种：大肠杆菌株 E. coli C 600。

（2）培养基与试剂：LB 液体培养基、100 mmol/L $CaCl_2$。

【操作】

（1）用接种环将 E. coli C 600 从 LB 活化斜面上取一环菌落接种于 3 mL LB 液体试管中，于恒温振荡器上 37 ℃振荡培养过夜（约 16 h）；必要时在显微镜下镜检菌细胞是否形态一致，有无杂菌污染。

（2）用微量移液器在无菌条件下取过夜培养液 200 μL，接种于新鲜的 LB 培养液中（100 mL 三角瓶中加入 20 mL LB 培养液），接种量一般在 1% 左右，置于恒温振荡器上 37 ℃培养 2～3 h。

（3）取 1 mL 培养液，以未接种的 LB 作空白对照，在 721 型分光光度计上测 550 nm 的光密度值，为 0.2～0.3。

（4）无菌条件下将上述菌液倒入 10 mL 的刻度离心管中，每个离心管约为 9 mL 菌液。离心管应带螺旋盖并高压灭菌过。

（5）带菌液的离心管置于冰上 10 min，冷却菌液，平衡好，置于台式低速离心机上，3 000 r/min 离心 12 min。

（6）无菌条件下，倒斜离心管，让 LB 流干，留下沉淀菌体。先倒入少量的预冷 100 mmol/L $CaCl_2$ 溶液（<0.5 mL），轻弹底部沉淀菌体，使其悬浮后，加入约 4 mL 的预冷 100 mmol/L $CaCl_2$ 溶液，摇匀后于冰浴中放置 30 min。

（7）重新将 $CaCl_2$ 菌悬浮液置于台式低速离心机上，3 500 r/min 离心 5 min，小心倒掉上清 $CaCl_2$，留沉淀菌体。

（8）再把菌体悬浮在 0.5 mL 的 100 mmol/L $CaCl_2$ 溶液中，使菌液浓度缩至原体积的 1/10 左右。置于冰上作为转化的受体菌液。此感受态细胞应在此步后 24 h 内使用，否则转化率将下降。

实验二十一 重组 DNA 的转化

【目的要求】

掌握 DNA 转化大肠杆菌的方法，了解转化的条件和利用抗药性选择重组质粒 DNA 的原理。

【原理】

前面实验已在体外构建了重组 DNA 分子（pUC – U）和制备好了 $E.\ coli$ 感受态细胞，本实验把这一体外重组的 DNA 引入受体细胞，使受体菌具有新的遗传特性，并从中选出转化子。

作为受体的菌株，必须不与外来 DNA 分子发生遗传重组。通常是 rec 基因缺陷型突变体，同时它们必须是限制系统缺陷或限制系统与修饰系统均缺陷的菌体。这样外来 DNA 分子不会受其限制酶的降解，保持外来 DNA 分子在受体细胞中的稳定性。实验二十制备的大肠杆菌细胞就具有上述三种缺陷。

同时，作为载体的 pUC 18 带有一个大肠杆菌 DNA 的短区段，其中会有 β – 半乳糖苷酶基因（$LacZ$）的调控序列和 N 端 146 个氨基酸编码信息；而我们选用的宿主细胞带有可编码 β – 半乳糖苷酶 C 端部分序列，和 pUC 18 编码的片段一样，都没有酶活性，但它们可以融为一体，形成具有酶活性的蛋白质。这样，$LacZ$ 基因上缺失近操纵基因区段的突变体与带有完整的近操纵基因区段的 β – 半乳糖苷酶阴性的突变体之间实现互补，这种互补现象叫 a 互补。由 a 互补产生的 Lac$^+$ 细菌可在生色底物 5 – 溴 – 4 – 氯 – 3 – 吲哚 – β – D – 半乳糖苷（X – gal）存在下形成蓝色菌落。当外源 DNA 片段插入到 pUC 18 的 β – 半乳糖苷酶 N 端编区上的多克隆位点后，就会导致产生无 a 互补能力的 N 端片段，因此，带重组质粒的细菌就形成白色菌落。通过这一简单的颜色试验，我们就可轻易筛选数千个菌落，选出重组子。

本实验是把外来重组 DNA 与感受态细胞在低温下混合，使其进入受体细胞。DNA 分子转化的原理较为复杂：①吸附——完整的双链 DNA 分子吸附在受体菌表面；②转入——双链 DNA 分子解链，单链 DNA 分子进入受体菌，另一链降解；③自稳——外源质粒 DNA 分子在细胞内又复制成双链环状 DNA；④表达——供体基因随同质粒 DNA 一起复制，并被转录和翻译。

对于 DNA 分子来说，能被转化进受体细胞的比例极低，通常只占 DNA 分子的 0.01%；改变条件，提高转化率是很有可能的。一些研究表明下列因素可以提高转化率：①受体菌细胞与 DNA 分子两者比例在（1.6×10^5 细胞）：[1 ng DNA 分子

(4.3 kb)]左右,转化率较好;②DNA 分子与细胞混合时间为 1 h 最佳;③铺平板条件会影响转化率;④对不同转化菌,热处理效应不一致。

除上述因素外,转化试验还应注意如下问题:

(1) DNA 连接反应液与宿主细胞混合时,一定要保持在水浴条件下操作。如果温度时高时低,转化率将极低。

(2) 热处理 2 min 后,要迅速加进 1 mL LB 液体培养基(不含抗菌素)以使表型表达,延迟加 LB 液,将使转化效率迅速降低。

(3) 在平板上涂布细菌时,注意避免反复来回涂布。因为感受态细菌的细菌壁有了变化,过多的机械挤压涂布将会使细胞破裂,影响转化效率。

【仪器器材】

隔水式电热恒温培养箱、电热恒温水浴锅、Eppendorf 管、平皿、涂布棒、普通冰箱、微量取样器、电炉、恒温摇床。

【菌种与试剂】

(1) *E. coli* C 600 感受态细胞。

(2) LB 固体培养基。

(3) 氨苄西林溶液(100 mg/mL)。

(4) 5-溴-4-氯-3-吲哚-β-D-半乳糖苷(X-gal)贮存液(20 mg/mL):20 mg X-gal 溶于 1 mL 二甲基甲酰胺中。

(5) 异丙基硫代-β-D-半乳糖苷(IPTG)溶液(200 mg/mL)。

(6) DNA 连接反应液。

【操作】

(1) 在电炉上熔解 100 mL LB 固体培养基,待培养基冷至 60 ℃左右,倒入干热灭菌过的平皿中,每皿约 200 mL。必须防止培养基表面与培养皿盖子上有水分存在。每组倒 4 个平皿。

(2) 待平皿里的 LB 平板凝固后,在每皿中加入 40 μL X-gal 贮存液和 4 μL IPTG 溶液,用无菌玻璃涂布棒把溶液涂布于整个平板的表面,于 37 ℃培养直至所有的液体消失(需 3~4 h)。

(3) 取 0.2 mL *E. coli* 感受态细胞,于无菌条件下加到装有连接液的 Eppendorf 管中,混匀,置冰浴中 30 min。

(4) 冰浴后,将正在进行转化反应的细胞悬液放入已调好 42 ℃的恒温水浴槽内,保温 2 min。

(5) 热冲击处理后的细胞易死亡,应迅速倒入 LB 培养液 1 mL(无抗菌素的 LB 液,有助于基因表达),马上置于 37 ℃水浴 1.5 h,每 10 min 翻转 1 次。

（6）取 0.1 mL 的转化液直接涂布于步骤（1）、（2）制备好的平板上，共涂布 3 个皿。

（7）取未经转化 E. coli C 600 感受态菌液 0.1 mL 直接涂布于步骤（1）、（2）制备好的平板上，以作受体菌对照。

（8）将经涂布的培养皿置于室温中 15 min 左右，使涂布于上的菌液干燥不会流动，倒置培养皿于 37 ℃ 电热培养箱培养过夜。

（9）将已长出转化子的培养皿于 4 ℃ 中放置数小时，使蓝色充分显现。带有 β-半乳糖苷酶活性蛋白的菌落中间为淡蓝色，外周为深蓝色。白色菌落偶尔也在中央出现一个淡蓝色斑点，但其外周无色。

（10）观察对照平皿和转化平皿菌落情况。计算转化子（白色菌落）数目，保存一转化子长得较均匀的平皿于 4 ℃ 冰箱，留作下一个实验的材料。

实验二十二 转化子的快速鉴定——快速细胞破碎法

【目的要求】

了解快速鉴定的基本原理,掌握煮沸法(boiling)快速分析质粒 DNA 的方法。

【原理】

从前面实验中得到转化子已从原来的 LacZ$^-$ 转变为 LacZ$^+$,出现白色菌落。初步认为体外重组质粒 DNA 转入受体菌中,并在其中表达和复制。但是要明确原来两个质粒 pUC 18 和 pVT-102U 已经重组成嵌合质粒 pUC-U,还要鉴定转化子中重组质粒 DNA 分子的大小。因为嵌合质粒 pUC-U 是由 pUC 18 和 pVT-102U 所组成,相对分子质量应是两者之和,所以抽提 pUC-U 转化子中的质粒,若是其相对分子质量确定大于原来载体 DNA 和目的基因,我们就可确证在体外已成功构建了重组 DNA,并且它能在受体菌中转化和表达。

但是转化子数目众多,若用常规方法抽提质粒,对每个转化子都进行扩增、抽提、纯化、检测,工作量相当大。所以本法采用一种快速抽提质粒的方法来检测质粒 DNA。这种快速的初筛方法可减少很多工作量,设备简单,操作方便。

在这个实验方法中,E. coli 转化子经溶菌酶和 Triton X-100(聚乙二醇辛基苯基醚)短暂处理后,细胞部分裂解,立即在 100 ℃煮沸 40 s,让质粒 DNA 快速释放出来,而变性的大分子染色体 DNA、蛋白质及大部分 RNA 通过离心与细胞碎片等一起沉淀而弃去,用异丙醇回收质粒 DNA,然后在琼脂糖凝胶上点样电泳,在紫外灯下观察结果并拍照。

【仪器器材】

电动恒温振荡器、台式高速离心机、电炉、旋涡混合器、琼脂糖电泳设备、紫外检测仪、Eppendorf 管、微量取样器、tips、牙签。

【菌种】

(1) 待检测转化子菌株 4 株。

(2) pUC 18 菌体和 pVT-102U 菌株。

【试剂】

(1) LB 培养液[含氨苄西林(Amp)]。

(2) 蔗糖 – Triton X – 100 缓冲液：8% 蔗糖、5% Triton X – 100、500 mol/L EDTA、10 mmol/L Tris – HCl（pH 8.0）。

(3) 溶菌酶液：10 mg/mL 溶菌酶溶菌 10 mmol/L Tris – HCl（pH 8.0）中。

(4) 3 mol/L 乙酸钠。

(5) 异丙醇。

(6) TE 缓冲液。

(7) 琼脂糖凝胶电泳缓冲液。

(8) 溴化乙啶（EB）溶液。

【操作】

(1) 从实验二十一保存的转化培养皿上分别挑取 4 个白色菌落于含有 Amp（50 μg/mL）的 4 支 3 mL LB 培养液中，另挑一 E. coli pUC 18 宿主菌菌落于 1 支含有 Amp（50 μg/mL）的 3 mL LB 培养液试管中，再接一环 pVT – 102U 宿主菌菌落于另一含 Amp 的 3 mL LB 培养管中，37 ℃培养过液。

(2) 将上述过夜培养液分别倒入 Eppendorf 管中，每管约 1.5 mL，并编上号，然后置于台式高速离心机上，以 12 000 r/min 离心 40 s。

(3) 取出离心管后，倒去上清，倒放在吸纸上，留下沉淀菌体。

(4) 在每个离心管中加入 350 μL 的蔗糖 – Triton X – 100 溶液，盖紧盖子，用手弹管底，使菌体完全悬浮。

(5) 取 25 μL 新配的溶菌酶液，分别加入各小管中，然后将各管置于旋涡混合器上振荡 3 s。

(6) 立即将 6 个 Eppendorf 管插在泡沫塑料板上，浸入事先准备好的 100 ℃沸水中，准确计时保温 40 s。

(7) 40 s 后应马上从沸水中取出，随即在台式高速离心机上，15 000 r/min 离心 10 min。取出离心管后，用牙签小心地从管底挑出白色黏性的沉淀物质，弃去，留下可能含有质粒 DNA 的上清液。

(8) 然后取 35 μL 乙酸钠溶液和 400 μL 异丙酸，加入上清液中，混匀后，置于普通冰箱冷冻室，–20 ℃半小时，以沉淀质粒 DNA。

(9) 重置离心小管于台式高速离心机上，15 000 r/min 离心 10 min，倒去上层异丙醇液，斜置离心管于吸水纸上，吸干异丙醇液。

(10) 在离心管沉淀物里加入 3 μL TE 缓冲液，在室温下溶解沉淀 DNA。

(11) 按实验十六方法配制好 0.8% 琼脂糖凝胶，分别取 4 个转化子的质粒 DNA 和 2 个对照的 DNA 各 15 μL，加 2 μL 溴酚蓝溶液，混合均匀，分别点样。

(12) 将琼脂糖凝胶块置于紫外检测纸上，观察结果，保存琼脂糖凝胶块以备拍照用。

实验二十三 聚合酶链式反应（PCR）

【原理】

聚合酶链式反应简称 PCR（polymerase chain reaction），是体外酶促合成特异 DNA 片段的一种方法，由高温变性（denaturation）、低温退火（annealing）及适温延伸（extension）等几步反应组成一个周期循环进行，使目的 DNA 得以迅速扩增，具有特异性强、灵敏度高、操作简便、省时等特点。它不仅可用于基因分离、克隆和核酸序列分析等基础研究，还可用于疾病的诊断或任何有 DNA、RNA 的地方。

DNA 的半保留复制是生物进化和传代的重要途径。双链 DNA 在多种酶的作用下可以变性解旋成单链，在 DNA 聚合酶的参与下，根据碱基互补配对原则复制成同样的两分子拷贝。在实验中发现，DNA 在高温时也可以发生变性解链，当温度降低后又可以复性成为双链。因此，通过温度变化控制 DNA 的变性和复性，加入设计引物、DNA 聚合酶、dNTP 就可以完成特定基因的体外复制。

PCR 技术的基本原理类似于 DNA 的天然复制过程，其特异性依赖于与靶序列两端互补的寡核苷酸引物。PCR 由变性—退火—延伸三个基本反应步骤构成。①模板 DNA 的变性：模板 DNA 经加热至 94 ℃左右一定时间后，其双链或经 PCR 扩增形成的双链 DNA 解离，成为单链，以便与引物结合，为下轮反应作准备；②模板 DNA 与引物的退火（复性）：模板 DNA 经加热变性成单链后，温度降至 55 ℃左右，引物与模板 DNA 单链的互补序列配对结合；③引物的延伸：DNA 模板—引物结合物在 Taq DNA 聚合酶的作用下，以 dNTP 为反应原料，靶序列为模板，按碱基互补配对与半保留复制原理，合成一条新的与模板 DNA 链互补的半保留复制链，重复循环变性—退火—延伸三过程就可获得更多的半保留复制链，而且这种新链又可成为下个循环的模板。每完成一个循环需 2～4 min，2～3 h 就能将待扩目的基因扩增放大几百万倍。

【仪器器材】

PCR 仪、微量移液器（0.5～10 μL）及 tip 头、电泳仪及电泳槽、紫外透光分析仪、PCR 管、PCR 管架、冰盒。

【试剂】

Taq 酶及其缓冲液、dNTP、ddH_2O、引物、模板；琼脂糖、加样缓冲液、TAE 电泳缓冲液、EB。配制同实验十六。

【操作】

1. 制备反应体系

（1）取 1 支 PCR 管（200 μL），标记。

（2）按照表 4-1 依次用移液器将 PCR 反应试剂加入已标记好的 PCR 管中。注意用合适量程的移液器，且吸取不同试剂时要换管嘴。

表 4-1　PCR 反应

试　剂	空白对照/μL	样　品/μL
10×PCR 缓冲液（加 Mg^{2+}）	5	5
dNTP 混合物 10 mmol/L（各 2.5 mmol/L）	2	2
10 μmol 上游引物（终至 0.2 μmol）	1	1
10 μmol 下游引物（终至 0.2 μmol）	1	1
Taq DNA 聚合酶（5 U/μL）	0.5	0.5
模板 DNA（终至 2 ng/μL）	0	2
DEPC 或双蒸水	补至 50	补至 50

（3）所有试剂加好后，盖紧 PCR 管，混匀，瞬时离心以使管内液体均至管底。

2. 上机反应

（1）按照下列反应条件参数设置 PCR 仪：

　　预变性——94 ℃ 2 min；

　　30 个循环：变性——94 ℃ 30 s；退火——60 ℃ 30 s；延伸——72 ℃ 30 s；

　　终延伸——72 ℃ 4 min；

　　保存——4 ℃ 2 min。

（2）将已配好的管置于设置好程序的 PCR 仪中，启动 PCR 反应。

3. 电泳鉴定

（1）配制含 DNA 染料 EB 的 2% 琼脂糖凝胶：称取 0.5 g 琼脂糖于三角瓶中，加入 25 mL TAE 缓冲液，盖上带孔的保鲜膜，用微波炉煮沸 1～2 min 使琼脂糖凝胶完全溶解，冷却至 50 ℃（大约是不烫手的最高温度），加入 1 μL EB，迅速轻轻摇匀，倒入已插有梳子的胶槽，室温静置 20～40 min。

（2）取出反应结束的 PCR 管，取 10 μL PCR 产物与 2 μL 6×上样缓冲液混合。

（3）将凝固完全的 2% 琼脂糖凝胶的梳子轻轻竖直向上拔去，将胶连同胶槽置于电泳槽中，摆正位置。

（4）用移液器取步骤（2）的混合液 10 μL 上样于 2% 琼脂糖凝胶中，同时于另一孔上样 5 μL DNA 分子量标准 Marker 作为参照，用 TAE 缓冲液水平恒压电泳（90 V）。

（5）当溴酚蓝电泳至位于琼脂糖凝胶的 2/3 时停止电泳，取出凝胶，于紫外灯下观察（勿放胶槽），用凝胶图像分析仪（见图 4-1）拍照并进行图像分析。

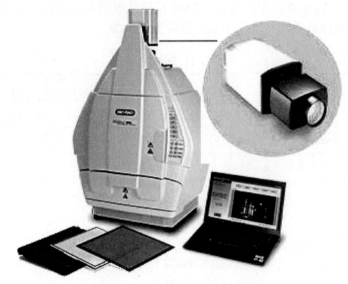

图 4-1　凝胶图像分析仪装置

实验二十四　蛋白免疫印迹（Western blot）分析技术

【原理】

印迹分析是一种对特异大分子的分析技术，其中免疫印迹试验（Western blot）是定量检测特异蛋白质的方法。先用聚丙烯酰胺凝胶或其他凝胶电泳分离蛋白质，再把凝胶中蛋白质原位转移到硝酸纤维素（NC）或 PVDF 膜或尼龙膜上，固定在膜上的蛋白质成分仍保留抗原活性及与其他大分子特异性结合的能力，所以能与其特异性抗体结合，第一抗体与膜上特异抗原结合后，再用标记的二抗（同位素或非同位素的酶）来检测。此方法可检测 1 ng 抗原蛋白。

【试剂】

（1）聚丙烯酰胺凝胶电泳试剂：见实验九的相关内容。

（2）转移电泳缓冲液：20 mmol/L Tris – HCL pH 8.0、150 mmol/L 甘氨酸。加 14.5 g Tris 粉、67.08 g 甘氨酸于 4 L 水中，加入 1 200 mL 甲醇，加水至 6 L。

（3）丽春红 S 溶液：含 0.5% 丽春红 S 和 1% 乙酸。

（4）三乙醇胺缓冲盐水溶液（TBS，10×）：24.2 g Tris 碱、80 g NaCl，用 HCl 调 pH 至 7.6，定容至 1 L。

（5）配液用 TBST：1×TBS + 0.05% Tween – 20（500 mL + 250 μL）。

（6）洗涤用 TBST：1×TBS + 0.1% Tween – 20（500 mL + 500 μL）。

（7）封闭液：5% 脱脂奶粉液。脱脂奶粉 0.5 g 溶于 10 mL 1×TBST。一般配 10 mL。

（8）一抗稀释液：5% BSA（小牛血清），溶于 1×TBST。一般配 10 mL。

（9）10× 电泳液：Tris 碱 15.15 g、甘氨酸 72.00 g、SDS 5.00 g，ddH$_2$O 定容至 500 mL。不用调 pH。置于 4 ℃ 冰箱储存。（一次用 300 mL）

（10）1× 转膜液：Tris 碱 3.03 g、甘氨酸 14.4 g、2,2 – 二甲砜基丙烷 200 mL，定容至 1 000 mL。不用调 pH。置于 4 ℃ 冰箱储存。

（11）膜再生液（stripping buffer）：62.5 mmol/L Tris – HCl、100 mmol/L β – 巯基乙醇、2% SDS。

（12）100 mL 膜再生液（stripping buffer）：1 mol/L Tris – HCl 6.25 mL、β – 巯基乙醇 0.699 3 mL、SDS 2 g，补水至 100 mL，调 pH 6.8。

（13）发光液 ECL：

A 液 200 mL：20 mL 1 mol/L Tris – HCl pH 8.5、180 mL ddH$_2$O、0.088 g 鲁米诺（luminol）、0.013 1 g 对羟基苯丙烯酸磷酸（p – coumaric acid）加热溶解后室温

冷却,分装成小瓶4 ℃保存。

B液200 mL:20 mL 1 mol/L Tris – HCl pH 8.5、180 mL ddH$_2$O、134 μL H$_2$O$_2$(30%母液)。

【器材】

NC膜或PVDF膜或尼龙膜,滤纸。

【操作】

1. SDS – PAGE 凝胶电泳

(1)灌胶。

1)安装制胶器(见图4–2):①提前检查所有的仪器状态。注意电泳液和转膜液是否足量。②检查厚薄玻璃板是否清洁,然后插到制胶器的绿色架子上在桌面上移动,确定两块玻璃板在同一水平面,扣住。③把绿色架子置于白色架子上扣好。

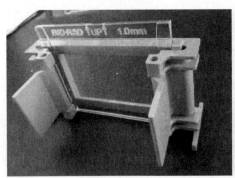

图4–2 Western blot 灌胶装置

2)灌分离胶和浓缩胶:①根据目的蛋白的相对分子质量选择分离胶的浓度,按照表4–2的配方配制。分离胶:每块胶4.2 mL;浓缩胶:每块胶2.5 mL。10%的AP液(过硫酸铵)新鲜配。②用5 mL枪头灌胶4.2 mL,然后用双蒸水慢慢封满。③当分离胶和双蒸水出现明显分界时,准备配浓缩胶,配方见表4–2。④倒掉水,用滤纸吸干,注意不要破坏胶面。⑤用1 mL枪头灌入浓缩胶,灌满为止。插上梳子,避免产生气泡。

表4–2 Western blotting 电泳胶的配制

试 剂	分 离 胶					浓缩胶
	6%	8%	10%	12%	15%	4%
丙烯酰胺/甲叉(30%贮存液)/mL	2.0	2.7	3.3	4.0	5.0	650 μL
超纯水/mL	5.4	4.7	4.1	3.4	2.4	3.05

续上表

试 剂	分 离 胶					浓缩胶
	6%	8%	10%	12%	15%	4%
Tris – HCl (1.5 mol/L, pH 8.8) /mL	2.5	2.5	2.5	2.5	2.5	—
Tris – HCl (0.5 mol/L, pH 6.8) /mL	—	—	—	—	—	1.25
SDS (10%) /μL	100	100	100	100	100	50
充分混匀						
过硫酸铵（AP,10%）/μL	50	50	50	50	50	25
四甲基乙二胺（TEMED）/μL	5	5	5	5	5	5
总体积/mL	10	10	10	10	10	5

（2）上样前处理。

1）把样本置于圆形带扣的 EP 管架上（注意露出 EP 管口），在 100 ℃加热 5 min，然后在冰水里迅速冷却，短暂离心，检查各样本量是否一致。

2）配电泳液：每套电泳槽需要 300 mL 电泳液，用 5×电泳液稀释，用前摇匀。

（3）加样。

1）从绿色架子上取下玻璃板，按标记顺序装在电泳架子里。

2）注满电泳液，然后竖直地拔出梳子，拔到中间稍停顿，稍向厚玻璃板倾斜，去除梳子和玻璃板之间的膜。

3）插上加样器，用专用的加样枪头加样，一般 Marker 10 μL，样本 30 μL。不足 10 个样本时，两边的泳道加入上样缓冲液防止边缘效应，注意最后加上样缓冲液。

（4）电泳。插上电源，注意电极方向。设置恒压 70 V×30 min + 120 V×1 h 或 45 min，注意观察电流大小：一个电泳槽双面凝胶电泳时，开始时 <120 mA，停止时 <60 mA；单面凝胶电泳时，开始时 <60 mA，停止时 <30 mA。

2. 转膜

（1）准备工作。

1）标记好聚偏二氟乙烯（PVDF）膜，用无水甲醇泡 1 min。

2）把海绵、滤纸、聚偏二氟乙烯（PVDF）膜和有孔夹子浸泡在上次回收的转膜液里。

（2）取胶。电泳结束后，按标记顺序取下玻璃板。用刮板撬开一角，小心取下薄玻璃板。切掉集成胶，并把分离胶切角标记（左上或左下）。然后把胶置于转膜液里平衡 15 min，每块胶分开放置。

（3）转膜。（见图 4 – 3）

1）置放顺序（黑—白）：海绵—滤纸—胶 - PVDF 膜—滤纸—海绵。转膜时手法要轻柔，避免压碎胶，或产生气泡。

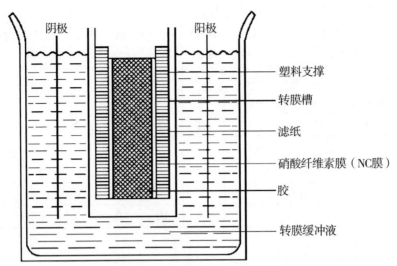

图 4-3 Western blot 转膜装置

2) 按照黑对黑、白对红的顺序把转膜夹子放在电泳槽里，同时放入冰盒，加满转膜液。

3) 注意电极的方向。设置恒压 100 V 60 min。观察电流大小，一个转移槽转膜电流开始时 <250 mA，停止时 <350 mA。

3. 封闭

(1) 配封闭液：5% 脱脂牛奶。1 g 奶粉加入 20 mL TBST 溶液。TBST 溶液：三乙醇胺缓冲盐 (TBS) 水溶液，加吐温 20 (Tween-20)。

(2) 转膜结束后，取出膜置于封闭液中，在室温摇床上缓慢摇动，封闭 1 h。

4. 加一抗

(1) 一抗稀释液：5% BSA 加于 TBST，调 pH 7.4。

(2) 把膜从封闭液里取出放到一抗里，置于 4 ℃ 摇床上缓慢摇动，孵育过夜。磷酸化抗体至少孵育 12 h。封闭液不回收。

5. 加二抗

(1) 一抗孵育结束后，回收一抗，把膜用 TBST 洗 2 遍，每次 10 min。

(2) 根据一抗的来源选择相应的二抗，二抗稀释液同封闭液，室温孵育 1 h。

6. 曝光显影

(1) 二抗孵育结束后，二抗不回收。把膜先用清水冲充分，然后用 TBST 洗 3 遍，每次 10 min。

(2) 准备好曝光盒。检查洗片机状态。如果需要手动曝光，准备好显影液和定影液。

(3) 提前 5 min 把发光液 ECL 取出复温，A 液和 B 液各取 7.5 mL 混合。

(4) 把膜正面置于发光液 ECL 中 4 min，每 2 min 翻一次面。

（5）用滤纸吸干膜，置于曝光盒内。

（6）根据目的蛋白信号的强弱选择曝光时间，然后用洗片机洗片。手动曝光时，胶片先在显影液里 2 min，清水洗片，然后在定影液里 2 min，清水冲片，风干观察。

附　　录

附录一　玻璃仪器的洗涤、使用及量器的校正

一、玻璃仪器的洗涤

在生物化学检验中，玻璃仪器清洁与否是获得准确结果的重要一环。清洁的仪器，如用蒸馏水洗涤后，内壁应明亮光洁，无水珠附着在玻璃壁上。若有水珠附着于玻壁，则表示不清洁，必须重新洗涤。

1. 常用洗涤液及其使用

（1）肥皂水、合成洗液、洗衣粉、去污粉等是最常用的洗剂，使用时直接用毛刷蘸取刷洗，即可除去一般仪器上的污物。

（2）重铬酸钾清洁液：重铬酸钾 60 g、水 300 mL、粗浓硫酸 460 mL。

先将重铬酸钾溶于水内，必要时可加热助其溶解，待冷却后，再徐徐加入粗浓硫酸。

2. 量器的洗涤与干燥

洗涤就是通过物理和化学方法，主要是物理方法，除去玻璃器皿上的污物。

（1）凡能用毛刷刷洗的量器，均应用肥皂或合成洗涤剂、去污粉等仔细刷洗，再用自来水冲洗干净，然后用蒸馏水漱洗 2～3 次，直至完全清洁后，置于量器架上自然沥干备用。

（2）凡不能用毛刷刷洗的量器，如容量瓶、滴定管、刻度吸管等，应先用自来水冲洗、沥干，再用重铬酸钾清洁液浸泡过夜，然后用自来水冲净，再用蒸馏水漱洗 3 次，置于量器架上，自然干燥。

（3）新购量器可先用2%盐酸浸泡过夜，然后用自来水洗，最后用蒸馏水漱洗 3 次，置于量器架上，自然干燥。

二、容量玻璃仪器的使用方法

容量仪器有装量和卸量两种。量瓶和单刻度吸管为装量仪器，滴定管、一般吸管、量筒等均为卸量仪器。

1. 吸管

吸管是生物化学实验中最常用的卸量容器。移取溶液时，如吸管不干燥，应预先用所吸取的溶液将吸管润洗 2～3 次，以确保所吸取的操作溶液浓度不变。吸取溶液时，一般用右手的大拇指和中指拿住管颈刻度线上方，把管尖插入溶液中；左手拿洗耳球，先把球内空气压出，然后把洗耳球的尖端接在吸管口，慢慢松开左手指，使溶液吸入管内。当液面升高至刻度以上时，移开洗耳球，立即用右手的食指按住管口，大拇指和中指拿住吸管刻度线上方再使吸管离开液面，此时管的尖端仍靠在盛溶液器皿的内壁上。略放松食指，使液面平衡下降，直到溶液的弯月面与刻度标线相切时，立即用食指压紧管口，取出吸管，插入接收器中，管尖仍靠在接收器内壁，此时吸管应垂直，接收器倾斜，使吸管与接收器约成 15°夹角。松开食指让管内溶液自然地沿器壁流下。遗留在吸管尖端的溶液及停留的时间要根据吸管的种类进行不同处理。

（1）无分度吸管（单刻度吸管、移液管）（见附图 1 中的"1"）。使用普通无分度吸管卸量时，管尖所遗留的少量溶液不要吹出，停留等待 3 s，同时转动吸管。

（2）分度吸管（多刻度吸管、直管吸管）。吸管有完全流出式、吹出式和不完全流出式等多种型式。

1）完全流出式（见附图 1 中的"2"和"3"）。上有零刻度，下无总量刻度的，或上有总量刻度，下无零刻度的为完全流出式。这种吸管又分为慢流速、快流速两种。按其容量和精密度不同，慢流速吸管分为 A 级与 B 级；快流速吸管只有 B 级。使用时 A 级最后停留 15 s，B 级停留 3 s，同时转动吸管，尖端遗留液体不要吹出。

2）吹出式。标有"吹"字的为吹出式，使用时最后应吹出管尖内遗留的液体。

3）不完全流出式（见附图 1 中的"4"）。有零刻度也有总量刻度的为不完全流出式。使用时全速流出至相应的容量标刻线处。

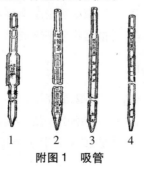

附图 1　吸管

为便于准确快速地选取所需的吸管，国际标准化组织统一规定：在分度吸管的上方印上各种彩色环，其容积标志如附表1所示。

附表1 分度吸管的容积标志

标称容量/mL	0.1	0.2	0.25	0.5	1	2	5	10	25	50
色标	红	黑	白	红	黄	黑	红	橘红	白	黑
标注方式	单	单	双	双	单	单	单	单	单	单

不完全流出式在单环或双环上方再加印一条宽 1.0～1.5 mm 的同颜色彩环以与完全流出式分度吸管相区别。

（3）吸管使用注意事项：

1）应根据不同的需要选用大小合适的吸管，如欲量取 1.5 mL 的溶液，显然选用 2 mL 吸管要比选用 1 mL 或 5 mL 吸管误差小。

2）吸取溶液时要把吸管插入溶液深处，避免吸入空气而使溶液从上端溢出。

3）吸管从液体中移出后必须用滤纸将管的外壁擦干，再行放液。

2. 滴定管

滴定管可以准确量取不同固定量的溶液或用于容量分析。常用的常量滴定管有 25 mL 及 50 mL 两种，其最小刻度单位是 0.1 mL，滴定后读数时可以估计到小数点后两位数字。在生物化学工作中常使用 2 mL 及 5 mL 半微量滴定管。这种滴定管内径狭窄，尖端流出液滴也小，最小刻度单位是 0.01 mL 至 0.02 mL，读数可到小数点后第三位数字。在读数以前要多等候一段时间，以便让溶液缓慢流下。

3. 量筒

量筒不是吸管或滴定管的代用品。在准确度要求不高的情况下，用来量取相对大量的液体。不需加热促进溶解的定性试剂可直接在具有玻璃塞的量筒中配制。

4. 容量瓶

容量瓶具有狭窄的颈部和环形的刻度，是在一定温度下（通常为 20 ℃）检定的，含有准确体积的容器。使用前应检查容量瓶的瓶塞是否漏水，合格的瓶塞应系在瓶颈上，不得任意更换。容量瓶刻度以上的内壁挂有水珠会影响准确度，所以应该洗得很干净。所称量的任何固体物质必须先在小烧杯中溶解或加热溶解，冷却至室温后才能转移到容量瓶中。容量瓶绝不应加热或烘干。

三、玻璃量器的校正

玻璃量器的标示值不完全符合它的真实容量，往往存在误差，给分析结果带来一定的影响。所以，对量器有必要进行校正，从而提高分析结果的准确度。

容积的基本单位是升（L）。升是在真空中水密度最大时的温度（3.98 ℃）条件下，1 000 g 水的体积。

校正容量的方法是称量量器容纳的蒸馏水，然后根据在该温度时 1 mL 水的质量 dt，将称得水重 wt 换算成容积 vt。再将此容积 vt 校正为量器标示温度（20 ℃）的容积 $V_{20℃}$，玻璃的膨胀系数是 0.000 026，用公式表示为：

$$vt = wt/dt = V_{20℃}[1 + (t - 20) \times 0.000026] \tag{1}$$

即

$$V_{20℃} = wt/\{dt[1 + (t - 20) \times 0.000026]\} \tag{2}$$

令 $dt[1 + (t - 20) \times 0.000026] = w'$，得

$$V_{20℃} = wt/w' \tag{3}$$

式（3）中：w' 表示不同温度下容积为 1 mL 的玻璃量器中充满 20 ℃ 水，在空气中用黄铜砝码称得的质量。附表 2 是 11～34 ℃ 的 w' 值。在任一温度下校正玻璃量器并换算成 20 ℃ 时的体积，根据式（3）计算即可。

附表 2　11～34 ℃的 w' 值

$t/℃$	w'	$t/℃$	w'
11	0.998 34	23	0.996 59
12	0.998 26	24	0.996 37
13	0.998 17	25	0.996 14
14	0.998 06	26	0.995 91
15	0.997 94	27	0.995 66
16	0.997 81	28	0.995 41
17	0.997 67	29	0.995 15
18	0.997 51	30	0.994 88
19	0.997 35	31	0.994 60
20	0.997 17	32	0.994 31
21	0.996 99	33	0.994 01
22	0.996 79	34	0.993 71

1. 滴定管的校正

滴定管的校正可分五段进行，其步骤如下（注意，校正时的一切操作过程必须同实验操作过程完全一致）：

（1）将滴定管充分洗净，并在活塞上涂以凡士林。

（2）向管内加蒸馏水至刻度"0"处（不一定恰在"0"标线上），并记录水的

温度。

(3) 逐段放出水到预先洗净干燥、具塞锥形瓶中，先后称得各段的水重。

(4) 在附表2中查出与水温相应的 w' 值代入式（3），计算出各段的实际容积及校正值。

以后使用这支滴定管时，须根据各段误差的不同，分别用其校正值对滴定量进行修正。

2. 吸量管的校正

校正前要注意吸量管是完全流出式还是不完全流出式。校正步骤如下：

(1) 将待校的吸量管洗净到不沾水珠。

(2) 取经干燥处理的 50 mL 具塞锥形瓶，置天平上准确称量。

(3) 用待校吸量管吸取蒸馏水恰到刻度处，按使用规则放入已称量的锥形瓶中，记录水温，称量。然后依式（3）计算其容积和校正值。

3. 容量瓶的校正

(1) 将待校量瓶洗净倒置使其干燥。

(2) 在天平上称量（称量的准确度要与它的容积相称。例如，校 250 mL 量瓶时应称至 0.01 g，1 000 mL 时称至 0.05 g 即可）。

(3) 向瓶中注入蒸馏水使恰到标线，仔细擦干外壁水分。

(4) 记录水温、称量。由式（3）求出它的实际容量和校正值。也可重新刻画标线。

4. 微量吸管的校正

微量吸管是指 0.1 mL、0.2 mL 的吸管和血红蛋白吸管，多用来吸取样品或标准液，因此，对实验准确度影响甚大。

校正微量吸管以水银称重法为佳。介绍如下：

(1) 用重铬酸洗涤液浸泡待校管后，先后用自来水、蒸馏水、乙醇、乙醚洗涤并干燥。

(2) 取 1 mL 注射器，内筒涂抹一薄层凡士林，装接在一小段橡皮管上，橡皮管另一端装接清洁干燥的待校吸管。

(3) 取清洁水银倒入一清洁干燥的小烧杯中，放在天平室内，待水银温度与室温相同后，记录水银温度。并将吸管尖端插入水银内，用注射器抽吸水银恰到标线，然后将水银注入事先已准确称重的小烧杯中。

(4) 用分析天平称重。由水银温度查出相应水银相对密度（见附表3），直接用下公式计算：

被校吸管的实际容积（μL）＝水银质量（mg）/水银相对密度

计算被校吸管的误差：血红蛋白吸管的相对百分误差不能超过 ±2%。若超过应刻一正确标线。

附表3 水银相对密度

温度/℃	相对密度	温度/℃	相对密度	温度/℃	相对密度	温度/℃	相对密度
11	13.568	16	13.556	21	13.544	26	13.531
12	13.566	17	13.554	22	13.541	27	13.529
13	13.563	18	13.551	23	13.539	28	13.527
14	13.561	19	13.549	24	13.536	29	13.524
15	13.558	20	13.546	25	13.534	30	13.522

附录二 称 量

称量是生物化学实验的基本方法。实验常用的称量仪器是台式天平、化学天平和分析天平等，它们都是根据杠杆原理设计而成的。一般说来，台式天平能称到 0.1 g，化学天平能称到 0.01 g，而分析天平能称到 0.000 1 g。称量时，应根据对质量准确度要求不同，正确选用不同类型的天平（见附表4）。正确选用天平既能达到实验质量准确的要求，又能节省称量时间，减少不必要的麻烦，也延长分析天平的寿命。

附表4 天平的选用

称取的质量	0.1 g	0.01 g	0.000 1 g	0.000 01 g	0.000 001 g
选用的天平	台式天平	化学天平 扭力天平	分析天平	半微量天平	微量天平

一、台式天平的使用方法

台式天平使用前，须先把游码放在刻度尺的零处，检查天平的摆动是否平衡。如果平衡，则指针摆动时所指示的标尺上的左右格数应相等，当指针静止时应指在标尺的中线；如果不平衡，可以调螺旋，使之平衡。未载重天平的平衡点称为"零点"。（如附图2所示）

称量时，将要称量的物品放在左盘内，然后在右盘内添加砝码。砝码通常从大的加起，如果偏重，就调换小的砝码，10 g 以下的砝码用游码代替，移动游码位置

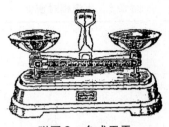

附图2 台式天平

直至天平平衡为止。载重天平的平衡点称为"停点"。停点和零点之间允许偏差1小格内。这时砝码和游码所示的质量就是称量物的质量。

称固体药品时，应在两盘内各放一张质量相均衡的蜡光纸，然后用药匙将药品舀在左盘的纸上（称量NaOH、KOH等易潮解或具有腐蚀性的固体时，应衬以表面皿）。称液体药品时，要用已称过质量的容器盛放药品，称法同固体药品。

使用台式天平时应注意：
（1）不能称量热的物体。
（2）试剂、药品不能直接放在盘内称量。
（3）称量完毕，放回砝码，使天平各部分恢复原状。
（4）经常保持天平清洁，托盘上有药品、试剂或其他污物时应立即清除。

二、分析天平的使用方法

生物化学实验室常用的分析天平有摇摆分析天平、空气阻尼天平、电子分析天平等。下面介绍电子分析天平（见附图3）的使用方法。

附图3 电子分析天平

1. 基本结构

电子分析天平由主机、称盘支架和称盘组成。根据型号的不同,天平外还可有防风罩。

2. 操作规程

(1) SARTORIUS BS200S – WEI 型电子天平。

1) 调整地脚螺栓高度,使水平仪内气泡位于圆环中央。

2) 开机:接通电源,按"ON/OFF"键开机,机器自动完成自检。

3) 预热:天平在初次接通电源或长时间断电之后,至少需要预热 30 min。

4) 校正:首次使用天平必须进行校正。按校正键"CAL",天平将显示所需校正砝码质量,放上相应砝码直至出现砝码质量值,校正结束。

5) 归零:当启动完毕,天平将自动归零,并保持在此待机状态。当天平显示不为"0"时,则需按"TARE"键进行清零。

6) 称量:天平由五面玻璃包围,使用时可打开上面及左右两面玻璃并放入待称量物体。天平自动读数,恒定时所显示的数值为该物体质量。

7) 关机:使用完毕后按"ON/OFF"键关机,并切断电源。

(2) XS125A 电子天平。

1) 调节水平:调节天平后部两水平垫脚,使气泡位于水平仪的中央位置。

2) 开机:按"ON/OFF"键,天平执行自诊程序,显示"0.0000 g",进入称重模式。

3) 预热:天平在初次接通电源或长时间断电之后,至少需要预热 30 min。

4) 一般称量:加载称量容器,按"T"键"去皮",显示"00000 g"。加载被称样品,数值稳定(出现称重单位"g"),读取数值。

5) 校正:确认称盘空载,长按"T"键,直至显示"CALIBRATION",松开"T",闪烁"00000"及下方出现"CALIBRATION EXTERN",数秒后闪烁标准砝码值,加载标准砝码,闪烁显示砝码质量,直至闪烁停止,完成校正,移去砝码,显示"0.0000 g",返回称量模式。

3. 电子天平使用注意事项

(1) 天平摆放台要稳定、坚固、抗震,应放置在牢固平衡的水泥台上,避免振动。

(2) 天平放置在清洁、干燥、温度恒定的室内,要避免阳光直射,避免周围有冷源、热源、风源,保持环境温度相对稳定,避免周围有磁场、振动以及大功率电器。

(3) 称物温度必须接近天平箱内温度,否则影响称量的准确性。

(4) 腐蚀性、挥发性物品,应在有盖的容器内称量,防止腐蚀天平。

(5) 读数时应关闭箱门,以免空气流动引起读数变动。

(6) 称量时应有原始记录,以备复查。

（7）保持干燥，箱内放有硅胶吸潮，并应及时烘烤除水，保证其吸潮性能。

电子天平是最新一代的天平，是根据电磁力平衡原理，直接称量，全量程不需砝码。放上称量物后，在几秒钟内即达到平衡，显示读数，称量速度快，精度高。电子天平具有使用寿命长、性能稳定、操作简便和灵敏度高的特点。此外，电子天平还具有自动校正、自动"去皮"、超载指示、故障报警等功能以及具有质量电信号输出功能，且可与打印机、计算机联用，功能得到进一步扩展。

附录三 试剂的级别、纯度及配制

一、试剂的级别、纯度

试剂的级别、纯度见附表5。

附表5 试剂的级别及纯度

级别	名称	简写	纯度和用途
一	优级纯（保证试剂）	GR	纯度高，杂质含量低，适用于研究和配制标准液
二	分析纯	AR	纯度较高，杂质含量较低，适用于定性、定量分析
三	化学纯	CP	质量略低于二级，适用于一般定性、定量分析
四	实验试剂	LP	质量较低，高于工业用用品，用于一般定性试验
	生物试剂	B·R	用于生化研究和检验
	生物染色素	B·S	主要用于生物组织学、细胞学和微生物学染色，供显微镜检查

二、溶液的配制及瓶签的书写方法

溶液是由两种或两种以上组元所组成的均匀体系。从广义上说，按聚集状态的不同，溶液有气态（如空气）、固态（如 Au–Ag 合金）和液态（如食盐水）等几类。但通常所说的溶液是指液态溶液，其中最常见的为水溶液。

组成溶液的物质常分为溶剂和溶质。习惯上把含量较多且与溶液状态相同的组元称为溶剂，而把含量较少的组元称为溶质。

配制溶液是实验中的基本工作之一。其配制过程可以概括为：称取需要量的试剂，加入一定量的溶剂使之溶解。如果对溶液浓度不要求准确，一般使用低准确度的仪器，如台式天平、量筒等；如果对溶液浓度要求较准确，那么必须用比较准确的仪器，如分析天平、容量瓶等，并且操作程序有一定的要求：先往烧杯中加入少量溶剂使固体试剂溶解，然后定量转移到容量瓶中，最后再加溶剂稀释到容量瓶的标线，并且必须注意溶液的温度应与容量瓶规定的使用温度相当。

配制时要注意固体试剂在水中的溶解性、水解性、稳定性等因素。现将几类常用的配制方法归纳介绍如下。

水溶法。凡是易溶于水而不产生沉淀的固体试剂，如 NaOH、NaCl、$CuSO_4$ 和 $KMnO_4$ 等，均可用加水溶解来配制。

酸（碱）溶法。对于易水解产生沉淀的固体试剂，必须以少量浓酸（碱）使之溶解，然后用水冲稀至所需的浓度。例如配制三氯化铋（$BiCl_3$）溶液，由于它易水解成氯化氧铋（BiOCl）沉淀，所以配制时先用少量浓盐酸使之溶解，然后再加水稀释。

稀释法。用浓溶液配制稀溶液，是采取稀释浓溶液的方法，即先量取一定量的浓溶液，然后加水冲稀。例如，配制稀盐酸溶液，就是通过冲稀浓盐酸而成的。这里需要指出，浓硫酸与水作用会放出大量的热，能使加入的水暴沸而溅出酸液，造成事故。因此，配制稀硫酸时，应在不断搅拌的情况下将一定量的浓硫酸缓慢倒入水中（不得将水加入浓硫酸中），然后将所得的不太浓的硫酸溶液用水稀释到所需的浓度。

已配制的某些溶液，如果一时不用，需要妥善保存，否则可能由于发生氧化还原反应或见光分解而失效。例如，Fe^{2+} 在酸性溶液中稳定，保存 $FeSO_4$ 溶液时应加入足够量的硫酸，必要时可加入几根铁钉以防止 Fe^{2+} 被氧化。$AgNO_3$ 溶液必须储存在棕色瓶里，因为 $AgNO_3$ 见光分解：

$$2AgNO_3 \xrightarrow{\text{光照}} 2Ag + 2NO_2 + O_2$$

1. 各种浓度溶液的配制

（1）百分浓度。

1）质量分数（质量—质量百分浓度）：通常指 100 g 溶液中所含溶质的克数，符号 ρ（%，g/g）。用公式表示为：

$$\rho（\%，g/g）= m_{\text{溶质}}/m_{\text{溶液}}$$

例 市售 98% 的浓硫酸是指 100 g 溶液中含 98 g 溶质。

2）体积分数（体积—体积百分浓度）：通常指 100 mL 溶液中所含溶质的毫升数，符号 ρ（%，mL/mL）。

$$\rho（\%，mL/mL）= V_{\text{溶质}}/V_{\text{溶液}}$$

例 若需配制 70% 乙醇溶液 2 000 mL，应取无水乙醇多少毫升？如何配制？

解 欲配制 70% 乙醇溶液 2 000 mL，应取无水乙醇为 70% × 2 000 = 1400（mL）。

配制时，取无水乙醇 1 400 mL，加蒸馏水至 2 000 mL 即可。

（2）质量浓度（质量—体积浓度）：通常是指 1 L 溶液中含溶质的克数，符号

C（m/V, g/L），用公式表示为：
$$C(m/V, \text{g/L}) = m_{溶质}/V_{溶液}$$

例 配制 2 g/L 牛血清白蛋白 100 mL，应取牛血清白蛋白多少克？如何配制？

解 已知 100 mL = 0.1 L，欲配制 2 g/L 牛血清白蛋白 0.1 L，应取牛血清白蛋白为 $2 \times 0.1 = 0.2$（g）。

即取牛血清白蛋白 0.2 g，蒸馏水溶解后，稀释至 100 mL。

（3）物质量的浓度：即摩尔浓度，简称浓度 M，是指在 1 L 溶液中含有溶质的量。习惯上也用 C 表示。M_x 是 x 物质的摩尔质量（g/mol），溶质的量 n 可用 mol、mmol、μmol 等表示。用公式表示为：

$$n_{溶质} = m_{溶质}/M_x = MV_{溶液}$$
$$\therefore M = n_{溶质}/V_{溶液} = m_{溶质}/M_x V_{溶液}$$

例 欲配制 1 mol/L 的氢氧化钠溶液 1 000 mL，应取氢氧化钠多少克？如何配制？

解 已知氢氧化钠的量浓度 $M = 1$ mol/L，$V = 1$ L，$M_{NaOH} = 40$ g/mol（M_{NaOH} 表示氢氧化钠的摩尔质量）。

由溶质的质量 $m = M_x n_{溶质} = M_x MV$，得：
$$m = 40 \times 1 \times 1 = 40 (\text{g})$$

即称取氢氧化钠 40 g，溶于 800 mL 蒸馏水中，最后用蒸馏水稀释至 1 000 mL。

（4）百分浓度与物质量的浓度的换算。市售的浓酸，如硫酸、盐酸、硝酸等都采用%（g/g）即质量分数 ρ 表示物质的含量。若将其换算成物质的量浓度，可做如下计算：

$$M(\text{mol/L}) = m_{溶质}/M_x V_{溶液} = m_{溶液}\rho/M_x V_{溶液}$$
$$= 1000 p\rho/M_x$$

式中：p 表示密度，$p = m_{溶液} \times 1000/V_{溶液}$。

例 已知 37%（g/g），密度 1.19 的盐酸，其物质量的浓度是多少？

解 已知 $\rho(\%,\text{g/g}) = 37\%$，$p = 1.19$，$M_{HCl} = 36.5$ g/mol（M_{HCl} 表示盐酸的摩尔质量），则：
$$M = (1000 \times 1.19 \times 37\%)/36.5 = 12.0 (\text{mol/L})$$

即此盐酸量的浓度是 12.0 mol/L。

若用上述物质配制 1 L 1 mol/L 的碱或酸溶液，所需浓碱或酸的体积可计算如下：

$M_2 = 1$，$V_{溶液2} = 1$，由 $M_1 V_{溶液1} = M_2 V_{溶液2}$，得：
$$V_{溶液1}(\text{mL}) = M_2 V_{溶液2}/M_1 = 1/M_1 = M_x/p\rho$$

例 配制 1 L 1 mol/L 的硫酸溶液，需 98%（g/g）、密度 1.84 的浓硫酸多少毫升？

解 已知 $\rho(\%,\text{g/g}) = 98\%$，$p = 1.84$，$M_{H_2SO_4} = 98$ g/mol，$M_2 = 1$ mol/L，$V_{溶液2} =$

1 L,则：
$$V_{溶液1} = 98/(1.84 \times 98\%) = 54.3(\text{mL})$$

即需98%（g/g）、密度1.84的浓硫酸54.3 mL。

（5）溶液的稀释与混合。溶液在稀释前后其溶质的量保持不变。即：
$$C_{浓} V_{浓} = C_{稀} V_{稀}$$

应用此公式要注意稀释前后浓度单位和体积单位要一致。

例 欲配制0.4 mol/L氢氧化钠溶液500 mL，需取1 mol/L的氢氧化钠多少毫升？如何配制？

解 已知$C_{浓} = 1$ mol/L，$C_{稀} = 0.4$ mol/L，$V_{稀} = 500$ mL，则：
$$V_{浓} = (0.4 \times 500)/1 = 200 \text{ (mL)}$$

即取1 mol/L氢氧化钠200 mL，加蒸馏水至500 mL。

同溶质不同浓度溶液进行混合时，其混合前后的溶质总量和体积总量应保持不变。即关系为：
$$C(V_1 + V_2) = C_1 V_1 + C_2 V_2$$

式中：C表示所需浓度；C_1表示浓溶液浓度；C_2表示稀溶液浓度；V_1表示浓溶液体积；V_2表示稀溶液体积。

例 现有0.2 mol/L硫酸钠溶液100 mL，欲调整使其成为0.5 mol/L的硫酸钠溶液，需加入1 mol/L的硫酸钠溶液多少毫升？

解 已知$C = 0.5$ mol/L，$C_1 = 1$ mol/L，$C_2 = 0.2$ mol/L，$V_2 = 100$ mL。则：
$$V_1 = (0.5 \times 100 - 0.2 \times 100)/(1 - 0.5) = 60 \text{ (mL)}$$

即需加入1 mol/L硫酸钠溶液60 mL、0.2 mol/L硫酸钠100 mL，得0.5 mol/L的硫酸钠溶液。

2. 酸碱标准溶液的配制和标定

中和法中常用的标准溶液都是由强酸和强碱配成的。用来配制标准酸溶液的有盐酸和硫酸，以盐酸应用最广。用来配制标准碱溶液的是氢氧化钠。因为浓盐酸易放出HCl气体，浓硫酸吸湿性强，而氢氧化钠易吸收空气中的水分及CO_2，所以不能用直接法配制。可先配接近所需浓度的溶液，再用适当基准物质标定之。常用来标定酸的基准物质有无水碳酸钠、硼砂等，常用来标定碱的基准物质有邻苯二甲酸氢钾、草酸等。

现以0.1 mol/L HCl和0.1 mol/L NaOH的配制和标定为例加以介绍。

（1）0.1 mol/L HCl标准溶液的配制和标定。

1）0.1 mol/L HCl溶液的配制：用洁净的量筒取试剂规格为分析纯的浓盐酸约9 mL，倒入清洁的玻璃试剂瓶中，用蒸馏水稀释至1 000 mL，充分摇匀。

浓盐酸的相对密度是1.19（含HCl约37%），其浓度约为12 mol/L。配制0.1 mol/L HCl 1 000 mL需取用浓盐酸的毫升数可按稀释公式计算：
$$12V = 0.1 \times 1000$$

$$V \approx 8.3 \text{ (mL)}$$

为了使配得的标准溶液浓度不小于 0.1 mol/L，故取量比计算量略多一点，取 9 mL。

2) 0.1 mol/L HCl 标准溶液的标定：取在 270～300 ℃下干燥至恒重的基准无水碳酸钠约 0.12 g，精密称定，加蒸馏水 50 mL 使其溶解。加溴甲酚绿—甲基红指示液 10 滴，用待标定的 0.1 mol/L HCl 滴定，至溶液由绿色转变为紫红色时，煮沸 2 min，冷却至室温（或振摇 2 min），继续滴定至溶液由绿色变为暗紫色。记下读数，按下式计算盐酸的准确浓度：

$$C_{HCl}(\text{mol/L}) = (W_{Na_2CO_3}/M_{Na_2CO_3}) \times (2/V_{HCl}) \times 1000$$

式中：C_{HCl} 为待标定盐酸浓度；$W_{Na_2CO_3}$ 为无水碳酸钠质量（g）；$M_{Na_2CO_3}$ 为无水碳酸钠的摩尔质量；V_{HCl} 为滴定至终点用去盐酸的体积（mL）。

如果 Na_2CO_3 纯度不高，则可能含有少量 $NaHCO_3$，在 270 ℃加热至恒重的目的就是使少量 $NaHCO_3$ 转变为 Na_2CO_3，同时也可除去 Na_2CO_3 中的水分。具体操作如下：将 Na_2CO_3 放在干净的坩埚内，在沙浴（或电炉）上维持 260～280 ℃（不得超过 300 ℃，否则部分 Na_2CO_3 分解为 Na_2O 及 CO_2）1 h，然后放在干燥器中冷却 40 min，称重以后再在沙浴上加热半小时，在干燥器中放半小时，直至恒重。

(2) 0.1 mol/L NaOH 标准溶液的配制和标定。

1) 0.1 mol/L NaOH 标准溶液的配制：先配制饱和 NaOH 溶液，取 NaOH 120 g，加蒸馏水 100 mL，振摇使 NaOH 溶解成饱和溶液。待冷却后，置于塑料瓶或硅化玻璃瓶中，用橡皮塞密塞，静置数日，待澄清，作为贮备液。

量取上层清液 5.6 mL，加新沸过的冷蒸馏水（或去离子水）至 1 000 mL，密塞摇匀，其浓度约为 0.1 mol/L。

说明：a. 先配成 NaOH 饱和溶液，目的是为了除去 NaOH 中的 Na_2CO_3。因为 Na_2CO_3 在饱和 NaOH 溶液中的溶解度很小，静置后，不溶的 Na_2CO_3 则沉于底部而分离。又因浓碱腐蚀玻璃，所以应保存在塑料瓶或内壁涂有石蜡的瓶中。

b. 一般来说，饱和 NaOH 溶液的相对密度为 1.56，质量分数为 52%（W/W），故其浓度为：

$$C = (1000 \times 1.56 \times 0.52)/40 \approx 20 \text{ (mol/L)}$$

取 20 mol/L NaOH 5.00 mL 稀释至 1 000 mL 即为 0.1 mol/L NaOH 溶液，为保证其浓度略大于 0.1 mol/L，故规定取 5.6 mL 饱和溶液稀释。

c. 为了使配制的 NaOH 溶液尽量少含 Na_2CO_3，稀释用的水不应含有 CO_2，故用新沸过的冷蒸馏水稀释。

2) 0.1 mol/L NaOH 标准溶液的标定：用邻苯二甲酸氢钾（$KHC_8H_4O_4$）标定。其过程如下：

取在 105～110 ℃干燥至恒重的 $KHC_8H_4O_4$ 约 0.44 g，精密称定。加水 50 mL 使溶解，加酚酞指示液 2 滴，用 0.1 mol/L NaOH 溶液滴定，直至溶液刚好出现粉红色，在摇动下保持半分钟不褪色为止。记下读数，按下式计算 NaOH 溶液的浓度：

$$C_{NaOH}(mol/L) = (W_{KHC_8H_4O_4}/M_{KHC_8H_4O_4})V_{NaOH} \times 1000$$

式中：C_{NaOH} 为待标定 NaOH 浓度；$W_{KHC_8H_4O_4}$ 为邻苯二甲酸氢钾质量（g）；$M_{KHC_8H_4O_4}$ 为邻苯二甲酸氢钾的摩尔质量；V_{NaOH} 为滴定至终点用去 NaOH 的体积（mL）。

（3）恒沸点盐酸的制备。将 CP 以上规格浓盐酸与同体积蒸馏水置磨口蒸馏装置中蒸馏，收集 108.5 ℃馏出液（气压 101.3 kPa），即得 5.7 mol/L 盐酸液。用此恒沸点盐酸配制标准溶液，无须标定。（1.80 mL 上述恒沸点盐酸用蒸馏水稀释至 1 000 mL，即为 0.1 mol/L 盐酸溶液）

3. 瓶签书写方法

溶液配制好后，应立即在溶液瓶上贴上瓶签，写明溶液名称、浓度、配制日期、配制者等。要求字迹工整，书写整齐。毒品药配制的溶液一定要注明或用特殊的瓶签表示。瓶签的颜色有多种，一般毒品采用黑色瓶签。

附录四　缓冲溶液的配制

凡溶液中加入少量强酸或强碱，其氢离子浓度无甚改变或改变甚微，此种溶液称为缓冲液，其这种氢离子浓度不致剧烈改变的作用称为缓冲作用，溶液中含有的有关溶质称为缓冲剂。

缓冲液的成分多为弱酸及弱酸与强碱所生成的盐，或弱碱及弱碱与强酸所生成的盐；且按二者分量（浓度）的不同，可配成各种不同 pH 的缓冲液。例如某一缓冲液由弱酸 HA 与其盐 BA 所组成，则其电离方程式如下：

$$HA \rightleftharpoons H^+ + A^-$$
$$BA \rightleftharpoons B^+ + A^-$$

$$\text{电离常数} K = \frac{[H^+][A^-]}{[HA]} = \frac{[H^+][\text{盐}]}{[\text{酸}]}$$

缓冲液的 pH 决定于弱酸（或弱碱）的电离常数 K 和弱酸（或弱碱）与其盐浓度之比。例如弱酸及其盐组成的缓冲液的 pH 为：

$$pH = pK + \log\frac{[\text{盐}]}{[\text{酸}]}$$

式中：pK 为电离常数的负对数。缓冲液的有用缓冲范围的 pH 一般在 $pK+1$ 及 $pK-1$ 之间，即弱酸（或弱碱）与其盐浓度之比在 10 及 1/10 之间，当 pH 等于 pK 时，缓冲作用最大。（见附表 6 至附表 9）

附表6 实验室中常用缓冲液的配制

pH (18 ℃)	0.1 mol/L Na_2HPO_4/mL	0.1 mol/L KH_2PO_4/mL
5.29	0.25	9.75
5.59	0.50	9.50
5.91	1.00	9.00
6.24	2.00	8.00
6.47	3.00	7.00
6.64	4.00	6.00
6.81	5.00	5.00
6.98	6.00	4.00
7.17	7.00	3.00
7.38	8.00	2.00
7.73	9.00	1.00
8.04	9.50	0.50

附表7 磷酸盐缓冲液的配制（1）

pH	0.2 mol/L Na_2HPO_4/mL	0.2 mol/L NaH_2PO_4/mL
5.8	8.0	92.0
6.0	12.3	87.7
6.2	18.5	81.5
6.4	26.5	73.5
6.6	37.5	62.5
6.8	49.0	51.0
7.0	61.0	39.0
7.2	72.0	28.0
7.4	81.0	19.0
7.6	87.0	13.0
7.8	91.5	8.5
8.0	94.7	5.3

附表 8 磷酸盐缓冲液的配制（2）

pH	0.1 mol/L Na_2HPO_4/mL	0.1 mol/L KH_2PO_4/mL
5.8	8.0	92.0
5.9	9.9	90.1
6.0	12.2	87.8
6.1	15.3	84.7
6.2	18.6	81.4
6.3	22.4	77.6
6.4	26.7	73.3
6.5	31.8	68.2
6.6	37.5	62.5
6.7	43.5	56.5
6.8	49.6	50.4
6.9	55.4	44.6
7.0	61.1	38.9
7.1	66.6	33.4
7.2	72.8	28.0
7.3	76.8	23.2
7.4	80.8	19.2
7.5	84.1	15.9
7.6	87.0	13.0
7.7	89.4	10.6
7.8	91.5	8.5
7.9	93.2	6.8
8.0	94.7	5.3
8.1	95.8	4.2
8.2	97.0	3.0

0.2 mol/L 磷酸氢二钠溶液：磷酸氢二钠（$Na_2HPO_4 \cdot 2H_2O$）35.61 g（或 $Na_2HPO_4 \cdot 12H_2O$ 71.64 g)/L。

0.2 mol/L 磷酸二氢钠溶液：磷酸二氢钠（$NaH_2PO_4 \cdot H_2O$）27.6 g（或 $NaH_2PO_4 \cdot 2H_2O$ 31.21 g)/L。

附表9 Tris 缓冲液的配制*

pH		0.2 mol/L Tris/mL	0.1 mol/L HCl/mL
23 ℃	37 ℃		
9.10	8.95		5.0
8.92	8.78		7.5
8.74	8.60		10.0
8.62	8.48		12.5
8.50	8.37		15.0
8.40	8.27		17.5
8.32	8.18		20.0
8.23	8.10		22.5
8.14	8.00	各加 25.0	25.0
8.05	7.90		27.5
7.96	7.82		30.0
7.87	7.73		32.5
7.77	7.63		35.0
7.66	7.52		37.5
7.54	7.40		40.0
7.36	7.22		42.5
7.20	7.05		45.0

*三羟甲基氨基甲烷简称 Tris。

附录五 溶液 pH 的测定

溶液的 pH 是其氢离子浓度的负对数，用以表示溶液的酸碱度。

常用的 pH 测定方法有两种：比色测定法和电位测定法。pH 的比色测定法设备简单，使用方便，是一般实验室常用的方法，精密度良好时，可精确到 0.1～0.2 pH 单位。但是如果指示剂选择不当，或者样品溶液略带混浊或有颜色，则将明显影响测定结果，误差加大。pH 的电位测定法准确度和精密度都较高，一般可达 0.01～0.05 pH 单位，且不受溶液混浊的颜色等因素的影响，但须用特定的仪器——酸度计（又称 pH 计）并掌握正确的使用方法，才能获得精确可靠的结果。

1. pH 的比色测定

pH 的比色测定是利用在不同氢离子浓度时指示剂（弱有机酸或弱有机碱）呈现不同的颜色转变而进行的测定。根据所用方法的不同，又分为应用 pH 试纸的比色测定、应用缓冲液的比色测定和应用 pH 比色计的测定等。

较常用的方法是应用 pH 试纸的比色测定。使用时取出若干片试纸放在表面皿上，用玻璃棒蘸取样品溶液，点在小片试纸上，使试纸恰能充分湿润，稍待片刻，比色判别其 pH。常用指示剂的变色范围见附表 10。

附表 10 几种常用指示剂的变色范围

指 示 剂	变色点（$pK\text{In}$）	酸 色	碱 色	变色范围（pH）
甲基橙	3.7	红	黄	3.1～4.4
溴酚蓝	4.0	黄	蓝	3.0～4.6
甲基红	5.0	红	黄	4.2～6.3
氯酚红	6.0	黄	红	4.8～6.4
溴甲酚紫	6.1	黄	红紫	5.2～6.8
溴麝香草酚蓝	7.0	黄	蓝	6.0～7.6
酚红	7.8	黄	红	6.4～8.2
甲酚红	8.3	黄	红	7.2～8.8
麝香草酚蓝	8.9	黄	蓝	8.0～9.6
酚酞	9.7	无色	红	8.3～10.0

2. pH 的电位法测定

利用电极与溶液间的氧化还原反应引起的电动势而产生电流的装置称为原电池。根据原电池的电化学原理，用测量原电池电动势以测定溶液 pH 的方法称为电位法。电位法测定 pH，可以不受溶液的混浊、颜色、蛋白质、氧化剂、还原剂等因素的干扰，方法简便，精确可靠。

根据电位法原理，专为测量溶液 pH 而设计的仪器称为酸度计（也称 pH 计）。

附录六　采血、血标本的处理与抗凝剂

一、采血

（一）人采血方法

1. 毛细血管采血

（1）采血部位：成人多在手指或耳垂采血，婴儿可在踇或足跟采血。手指穿刺一般取无名指端的侧面，该部位血液循环较好，易于出血，其痛感较耳垂穿刺为大。耳垂穿刺一般取耳垂边缘，其痛感较轻，但由于该部位血液循环较差，出血量较少，其结果偏高，尤其冬季更为突出。

（2）采血方法：

1）将耳垂或手指先稍按摩，尤其冬季更应注意以便改善局部血循环。

2）耳垂或手指穿刺伤口处需要用干棉球拭净，然后溢出血滴便能成滴，便于吸取，如血液吸尽还不够时，应重拭净血液，再轻轻加压，使血液溢出成滴状。

3）吸血管尖端要插入血滴中间，轻轻吸取，注意勿将尖端插入血滴底部。

4）耳垂采血要注意勿使血滴落下污染衣服。

2. 静脉采血

（1）采血部位：一般采用肘窝或肘前静脉，如肘部静脉不明显，可改用手背或踝部静脉；小儿在必要时可采用外颈静脉，但因危险以少用为宜。

（2）采血方法：

1）根据需用量可用 2 mL、5 mL、10 mL 注射器，配 6~9 号针头，用前必须严格消毒灭菌，应以高压消毒为宜。应特别注意，煮沸消毒含有水分易发生溶血。

2）在针刺部位，先用 2.5% 碘酒从内向外进行皮肤消毒，待稍干，可用 75% 酒精棉球拭去碘迹，在穿刺上端扎上止血带，并嘱被采血者紧握拳头，使穿刺静脉怒张以便于穿刺。

3）左手拇指固定静脉，右手持注射器，使针头斜面和针筒刻度向上，按静脉走行进行刺入,见注射器内有回血时,用手缓慢抽动注射器的针筒,使血液徐徐流出,至所需量后,压上棉球,取出注射器,去掉止血带。嘱被采血者放松拳头,于穿刺部位继续压以棉球约数分钟,以防止出血。

4)取下针头,将血液沿试管壁徐徐注入事先准备好的干燥试管或盛有抗凝剂的容器中(如需抗凝血,则应轻摇混匀数分钟,防止凝固)。

5)采血完毕后,应立即用清水冲洗注射器,以免血液凝固后难以拔出针筒。

(3)注意事项:

1)静脉采血时要仔细检查针头是否安装结实,针筒内是否有空气和水分。

2)采血时穿刺不宜过深,以免穿破血管,造成皮下血肿。

3)采血时只能向外抽(慢慢抽),不允许向内推,否则推进空气将会危害生命。

4)采血前应向被采血者耐心解释,消除其不必要的恐惧心理,如遇被采血者在采血过程中发生眩晕等情况,可使其平卧休息。

5)要注意核对采血试管的编号与化验单的编号及姓名。

6)血标本不要放在强阳光下照射,宜放在阴凉处。

(二)常用实验动物采血方法

1. 小鼠、大鼠的采血

(1)眼眶后静脉丛采血。乙醚麻醉鼠后,左手拇指及食指抓住鼠两耳之间的皮肤使鼠固定,并轻轻压迫其颈部两侧,阻碍静脉回流,使眼球充分外凸。右手持玻璃采血管,将其尖端插入鼠内眼角与眼球之间,小心轻轻向眼底方向刺入,小鼠刺入 2~3 mm,大鼠刺入 4~5 mm,当感觉有阻力时停止刺入,血流即从采血管流入取血管中。采血结束拔出采血管,放松左手,出血即停止。本方法在短期内可重复采血。小鼠一次可采血 0.2~0.3 mL,大鼠一次可采血 0.5~1.01 mL。为防止血液在取血管中凝固,可将取血管放入 1% 肝素溶液,干燥后使用。

(2)摘眼球采血。此方法用于鼠类大量采血。采血时,用左手固定动物,压迫眼球,尽量使眼球凸出,右手用弯头镊子摘除眼球,眼眶内很快流出血液。

(3)剪尾采血。当所需血量很少时采用本法。固定动物并露出鼠尾。将尾部毛剪去后消毒,然后浸在 45 ℃ 左右的温水中数分钟,使尾部血管充盈。再将尾擦干,用消毒剪刀割去尾尖 0.3~0.5 cm,让血液自由滴入盛器或用吸管吸取,采血结束,伤口消毒并压迫止血。也可在尾部作一横切口,割破尾动脉或静脉,收集血液的方法同上。每鼠一般可采血 10 余次。小鼠每次可取血 0.1 mL,大鼠 0.3~0.5 mL。

2. 兔的采血

(1)耳中央动脉、耳沿静脉采血。左手固定兔,并用酒精棉球消毒采血部位,右手持注射器,在兔耳血管的末端,沿着与血管平行的向心方向刺入血管,即可见血液流入针管,注意固定好针头。采血结束后,拔出注射器,用棉球压迫止血2～3 min。

(2) 颈静脉采血。将兔麻醉后,仰卧在固定台上固定,剪去一侧颈部被毛,用碘酒、酒精棉球消毒皮肤,手术刀轻轻划破皮肤,钝性分离静脉,颈静脉暴露后,用注射器针头沿血管平行的远心方向刺入,采血结束后,拔出注射器,缝合切口。

二、血液标本的处理

(1) 全血:血液取出后,迅速盛于含有抗凝剂的干燥试管内混匀(注意避免激烈振荡),即得全血。

(2) 血浆:全血离心后的上清液即为血浆。

(3) 血清:不加抗凝剂的血液在室温下自行凝固后约需3 h可分离出血清,也可以离心以缩短时间。应及时分离血清以避免溶血。

(4) 无蛋白血滤液:分析血液中某些成分时,要避免蛋白质的干扰,故需除去血中的蛋白质成分,制成无蛋白滤液。可以根据实验的特殊要求选用不同的蛋白沉降剂。常用的蛋白沉降剂有钨酸、三氯乙酸等。

三、抗凝剂

1. 抗凝剂的种类、性能

(1) 双草酸盐:双草酸盐可与血钙离子结合形成草酸钙,从而防止血液凝固。草酸钾可使红细胞缩小,草酸铵可使红细胞涨大,二者适当配合可使细胞大小不变,常用于细胞比积测定;但对血小板计数值偏低,白细胞易发生变性是其缺点。通常取双草酸0.2 mL于小瓶中,在80 ℃以下烘干,即可使血液2 mL不凝。干燥时温度不可过高,否则草酸盐分解失效。此法不适用于尿素及非蛋白氮的测定。

双草酸盐配制:

草酸钾	0.8 g
草酸铵	1.2 g
蒸馏水	加至100 mL

(2) 枸橼酸盐:枸橼酸盐也是起脱钙作用的抗凝剂。一般常用的枸橼酸钠有两种结晶剂,即$Na_3C_6H_5O_7 \cdot 2H_2O$和$2Na_3C_6H_5O_7 \cdot 11H_2O$。前者31.3 g/L溶液与血液为等渗,后者其浓度为38 g/L。一般市售多为前者,31.3 g/L溶液的抗凝能力为1:9,即0.1 mL可以使0.9 mL血液不凝。一般常在做血沉时使用。

(3) 肝素:肝素是一种含硫酸基团的黏多糖,因有硫酸基团,带有强大的负电荷,具有抑制凝血酶形成、阻止血小板凝聚等多种抗凝作用。

通常用肝素钠粉配制成1 g/L溶液。每毫升含肝素1 mg,取0.5 mL置37～50 ℃烘干可抗凝血5 mL。

肝素抗凝能力强,不影响血细胞的体积,是一种较为理想的抗凝剂,但过量的肝素可引起红细胞凝集,故不宜用于红细胞计数;由于肝素有抗凝血酶的作用,故不用于以凝血酶为试剂的检查。肝素抗凝血应于短时间内使用,如放置过久,有时仍可发生凝固。此外肝素价格高,也不适于日常使用。

(4) EDTA-Na_2 或 EDTA-K_2:EDTA(ethylenedianinetetraacetic acid)通过与钙结合而抗凝。由于对血细胞(包括血小板)均无改变,故可应用。

血液每毫升约 1 mg EDTA-Na_2 即可达到完全抗凝作用,常用 12~15 g/L EDTA-Na_2 水溶液,取 0.5 mL 置试管中放置室温或温箱中待干后使用。

(5) 草酸钾($K_2C_2O_4 \cdot H_2O$):草酸钾溶解度大,抗凝作用强,但不适合钾和钙的测定。由于其可使红细胞缩小约 60%,故也不适用于红细胞比积测定。应用时,先配成 100 g/L 的溶液,分装于干净试管中或青霉素小瓶内,每管 0.1 mL,置于干燥箱内或阳光下使其干燥(干燥箱的温度不能超过 80 ℃,否则草酸钾可形成碳酸钾而失去抗凝作用)。每 10 mg 草酸钾,可使 5 mL 血液不凝固。

(6) 草酸钠:配制成 0.1 mol/L 草酸钠溶液,血液与抗凝剂之比为 9:1。常用于血象的检查。

2. 抗凝剂的选择

抗凝剂的选择使用要根据具体情况。一般认为肝素较好,但价格较高,不能作为日常应用;草酸盐价格便宜,可在日常工作中广泛使用;枸橼酸钠多在做血沉时使用。

自从血细胞自动计数广为应用以来,临床上多使用加 EDTA 的静脉血,该试剂不仅对红、白细胞计数,红细胞比积,血红蛋白量均无影响,而且采血一次可作多种试验,并且在适当时间内也不影响质量。另外,在做重复试验时更为方便。

3. 注意事项

(1) 无论何种抗凝剂,都要按一定比例配制,勿过多或过少。

(2) 抗凝剂一定要与血液按比例混合均匀,但注意勿用力振荡,以免发生溶血。应轻轻混摇或加以橡皮塞颠倒混合数次。

(3) 当抗凝血久置后,在做试验取血时,仍应充分混合均匀,然后取样。

附录七　组织样品的处理

生物化学实验常用生物组织样品,但生物组织离体过久,其所含物质的量和生物活性都将发生变化。因此,当利用离体组织作为提取材料或代谢研究材料时,应在冰冷条件下尽快处理。一般采用断头法杀死动物,立即取出脏器或组织,除去外层脂肪及结缔组织并用冰冷的生理盐水洗去血液后,再用滤纸吸干。迅速称重后,根据实验的不同要求,按以下方法制成实验样品。

一、组织处理

（1）组织糜：将动物组织用剪刀或绞肉机迅速制成糜状。

（2）组织匀浆：向剪碎的动物组织中加入适量冰冷的匀浆制备液，用高速电动匀浆器或玻璃匀浆器制成匀浆。常用的玻璃匀浆器有 5 mL 和 10 mL 两种，由一个磨砂玻璃套管和一个带有磨砂玻璃杵头的杵组成。玻璃杵的外壁必须靠玻璃套管的内壁。用时，将套管放入冰浴中，将玻璃杵与调速马达连接，将待剪碎的组织悬浮于匀浆制备液中并倾入套管中，然后把杵再插入套管中。开动马达并调节杵的转速。用手扶住套管口部，不断上下移动（肝组织 8~15 次），直至组织碎块磨成匀浆为止（见附图 4）。

附图 4　组织匀浆制备

匀浆制备液通常用生理盐水、0.25 mol/L 蔗糖或适当的缓冲液。

（3）组织浸出液：组织匀浆离心后所得的上清液即组织浸出液。

（4）植物组织处理：植物的新鲜组织常在称重后置于研钵中，再加少量的介质和清洁的细砂研磨成匀浆，最后稀释到需要的浓度。测定植物种子中不易变化的成分时，常用烘干的粉末作为样品。

二、破碎细胞的方法

1. 机械法

机械法是利用机械动力使细胞破碎。

（1）研磨：加磨料（如玻璃粉、石英砂、氧化铝等）研磨。

1）研钵研磨：可将细菌浆（或植物细胞）、玻璃粉及缓冲液按一定比例混合成稠糊状，置于冷研钵内用力研磨 5 min，分次研磨，离心取清液。要注意磨料不能对所需成分有吸附作用。

2）细菌磨研磨：处理大量细胞时可加一定比例的磨料置于细菌内研磨。细菌磨由一个硬质瓷圆筒，内接一个接合得很紧密的硬质玻璃圆筒构成，筒内可充满冰块，由电动机带动旋转（转速为 120 r/min）。大肠杆菌被研磨 20 s 后，99.9% 的细胞被磨碎，所得匀浆的酶活力很好。如果操作在很低温度下进行（例如用干冰或液氮冷却后研磨），则不需加入磨料，因为在低温下（-100 ℃ 以下）水的晶体（冰粒）非常坚硬，能起磨料作用。

（2）在匀浆器内匀浆。

1）玻璃匀浆器：由一根内壁经过磨砂的玻璃管和一根一端为球状（表面经过磨砂）的粗杆组成，操作时先把样品置于管内，再套入研杆用手上下移动，左右旋转，反复多次即可将细胞破碎。匀浆器的内磨砂面与管壁磨砂面之间一般只有十分之几毫米，细胞破碎程度比高速组织捣碎机高，机械切力对生物大分子破碎较少，但手动效率很低。有条件时可用电搅拌器带动磨杆，需很注意避免打碎匀浆器。

2）电动匀浆器：干重约 27% 的面包酵母和干冰混合后，研磨 2 min，离心可得 20% 的提取率，延长时间无显著效果，因此提取率较低，但对廉价的原料仍然有用。

（3）加玻璃细珠高速摇动使细胞破裂：将玻璃细珠（例如直径 45～50 μm）加放于细菌悬浮液中，猛烈摇动 20～60 min 使细胞破裂。

（4）在高速组织捣碎机（绞切器）中处理：绞切器由调节器、支架、马达、带杆刀叶、玻璃（或有机玻璃）筒和筒盖等部分组成。操作时，将材料配成稀糊状液，放入筒内约 1/3 体积，固定筒上盖子，将调整器拨至最慢处，开动马达后由慢至快逐步加速，转速可达 10 000 r/min。高速组织捣碎机适于处理动物内脏组织、植物肉质组织、柔嫩的叶和芽等材料。有各种大小和式样的绞切器，处理大量和小量样品都同样容易。但这是一种比较粗暴的方法，需保持冷却，因为连续工作 30～45 s 以上时间，温度将升高 10 ℃（或更高）。如果用浓稠的细菌悬液并按其体积的 1/3～1/2 加入细玻璃珠，可能提高破碎效率，因为玻璃珠与夹在其间的细菌彼此碰撞而使细胞破碎。

2. 物理法

（1）冰冻压挤法：用气压或水压使每平方英寸达到 3～8 千磅的压力迫使细胞悬液通过小孔或缝隙，当细胞通过小孔隙时就被撕切。该法的明显优点就是细胞在破碎前后均保持在低温下，条件既温和，破碎又彻底，在提高破裂强韧细胞的效率及提高细胞匀浆的活性方面是一个突破。此法用于制备工业微生物酶制剂。

（2）超声波破裂法：超声波通常由超声振荡器发生。超声振荡器由两个主要部件组成。高频电发生器产生高强度超声信号，电功率传送器把超声波传送到它接触的溶液中去，这些超声波形成的冲击和振动引起细胞的破坏。选用各种大小的探头可以处理 1 毫升到几毫升的样品量。缺点是电功率传送器内产生大量的热，必须仔细注意被处理液的温度并使之保持冷却。此法多用于处理微生物材料，效果与样品浓度及所用频率有关。利用 600 000 周/秒的超声可由细菌制备多种酶。黏性高的试料用 10 kHz 的超声有效，例如可用于处理质量分数为 50 mg/mg 的线粒体悬浮液，破碎线粒体和从线粒体上提取 ATP 酶。经足够时间的超声处理可以破碎细菌和酵母细胞，如在悬液中加进玻璃珠则时间可缩短。超声处理时易形成游离基，而某些氧化性的游离基常常使一些不稳定的酶失活，提取一些对超声波敏感的核酸及酶宜慎重使用；加入半胱氨酸等巯基化合物可对某些酶起保护作用。

（3）反复冻融法：把动物组织冷至 -20 ～ -15 ℃ 使之冻固，然后缓慢融解。反复操作，大部分细胞及细胞内颗粒可被破碎。交替冷冻及融化也能使细菌细胞破裂，如鼠伤寒沙门氏菌混悬液经几十次反复冻融，残存率极低，可能是自溶过程把自身的酶释放到溶液中起作用。

（4）热处理破裂法：在微生物中提取某些无活性的蛋白质和核酸以及某些活性的小分子物质（如辅酶 A、辅酶 I）时，可使用此法。操作时把材料投入沸水中，在 90 ～ 95 ℃ 左右维持数分钟，立即用冰（或冰浴）使之冷却，绝大部分细胞被破坏。

将幼龄的大肠杆菌细胞加热至 50 ℃ 左右就会引起细胞壁破裂。这种温度条件往往使原生质凝固。所以热处理后常用专一性范围较广的蛋白水解酶处理使原生质转为可溶性。

（5）渗透压冲击法：此法可使棕色固氮菌细胞破裂。先把细菌悬浮于 0.5 mol/L 以上的甘油溶液中，让甘油慢慢渗入细胞，再突然用水稀释混悬浮液，水分很快渗入细胞。液体静压力足以使细胞破裂，可是只能用以处理细胞壁脆弱的微生物。此法适用于从大肠杆菌和某些革兰氏阴性细菌中提取某些水解酶。优点是仅仅释放局限于细胞质周围的蛋白质（占蛋白质总量的 5%），所以比活力显著高于细胞完全破裂的比活力。例如可用此法从一种海洋微生物（photobaterium fischeri）中释放出荧光素酶（luciferase）。

（6）骤降压力法：可将处于对数生长期的大肠杆菌用氧化亚氮饱和并加压至 500 lbf/in^2（即 35 kg/cm^2），然后迅速排气，可使大肠杆菌细胞破裂；而处于恒定期的细胞能耐受这种处理。用氮饱和可加压至 1 740 lbf/in^2（即 120 kg/cm^2）的装置能用于破裂多种细菌细胞；但效率较低，且不适于大规模操作，只有像艾氏腹水癌那样脆弱的细胞可用此法。

（7）冰的晶态转化法：冰的晶体结构直接依赖于温度和压力。冰有 7 种不同的晶体结构，每种晶态在相图中都各有其压力—温度区域，当温度或压力改变至另一区域时会使一种晶态转变为另一种晶态，同时会有体积变化。

通过测定含氮化合物量增加的情况，可以找到合适的处理条件。

3. 化学法

（1）表面活性剂处理：近年已广泛应用（特别是用于分离呼吸链成分）。常用的表面活性剂有 SDS、去氧胆酸钠、非离子型表面活性剂吐温 Tween 或 Triton X-100 等，能破坏细胞膜使细胞瓦解，有时使酶易溶，除去表面活性剂后酶仍留在清液中。有时必须存在表面活性剂才能进行提纯，否则酶将沉淀下来。

（2）有机溶剂抽提：常用丙酮、乙醇、丁醇等选择性地溶解细胞膜或某些含酯和类脂的细胞组分。可用于制备一些酶，但也易使一些酶失活，需在低温下进行。

（3）制丙酮干粉：将10倍体积以上的冷丙酮和动植物组织（或微生物）混合，激烈搅拌后于冷环境下沉降5～10 min，吸滤除去丙酮液，滤渣平铺于滤纸上，置低真空度中干燥，磨碎即成丙酮粉。大多数酶经此法处理后仍很稳定，便于保存，需要时可用水或缓冲液抽提丙酮粉。

（4）用碱处理：能使除了细胞壁以外的大多数细胞组分溶解。可用于大规模生产，但所提取的酶需在 pH 11.5～12.5 条件下，在 20～30 min 内尚能保持稳定。已用于从 Erwinia chrysanthemi 中提取 L-天门冬酰胺酶（可用于医疗）。

4. 生物化学法

（1）酶解法：使用分解细胞壁或细胞膜组成成分的酶类使细胞破裂。

1）溶菌酶：它能专一性地破坏细菌细胞壁水解糖肽组分的 β-1,4-糖苷键。特别适用于革兰氏阳性细菌。对于革兰氏阴性细菌，除加溶菌酶外，还需加 EDTA 才能达到良好效果，加 EDTA 的作用可能是暴露细胞壁上对溶菌酶敏感的结构，使酶能发挥作用。在酸性（pH 5.5 左右或更低些）环境下，即使细胞壁已被酶解，细胞仍不会解体，这是因为原生质溶解度下降。所以应强调细胞壁破裂和适当的溶解条件对于有效地释放细胞内含物来说都很重要。

此外，蜗牛酶、纤维素酶也可用于破坏细菌及植物细胞。例如可用于从 micrococcus lgsodeikticus 中抽取 RNA 聚合酶。

2）磷脂酶：例如蛇毒磷脂酶 A 可用于溶解细胞膜。

（2）自溶法：将待破碎的新鲜生物材料置于适宜的 pH 和温度条件下，利用细胞内部的酶系将细胞破坏，从而释放细胞内含物。自溶的温度，动物组织常用 0～4 ℃，微生物多用室温；自溶时应加少量甲苯、氯仿等防腐剂以防外界细胞感染。自溶所需时间较长，不易控制，一般不宜于制备生物活性大分子，但仍可用于提取某些酶。例如：①从 clostridium klugveri 中提取磷酸转乙酰酶（phosphotranscetylose）。把菌体悬浮于 0.01 mol/L 磷酸钾缓冲液（pH 8.0）于 38 ℃，搅拌 4 h。②从酵母中提取细胞色素过氧化物酶。将 20 ℃ 干燥 10～20 h 的 3.5 kg 酵母（干重 65%～70%）与 500 mL 乙酸乙酯混合，4 ℃ 放置一夜，悬浮于 5 L 水中，在 20 ℃ 搅拌 3 h 使自溶。③从胰脏抽取羧肽酶 B、胰凝乳蛋白酶 C。把胰脏切成 5 mm 的薄片，堆放厚度为 2～4 cm，于室温放置 16～36 h 使自溶。

（3）对蛋白水解酶活力进行调控。

1）如果需要从生物材料中提取蛋白质以外的生物化学物质（如核酸、多糖、类酸及各种小分子），可以考虑在提取液中加蛋白水解酶（一种或几种）以及能够激活相应蛋白水解酶的因素（如钙离子、硫基化合物等），或除去存在的蛋白酶抑制剂。这样使得能够破坏所需物质的酶类被蛋白水解酶迅速水解，从而防止所需物质被破坏。例如近年来从半知菌类麦轴霉素属真菌（tritirachium album Limber）的深层培养液中制得蛋白水解酶K，它的最适pH为7.5～12.0，对热稳定，水解天然的与变性的蛋白质的能力很强（超过灰色链丝菌蛋白酶和胰蛋白酶），在高浓度的十二烷基硫酸钠（SDS）和尿素溶液中仍有活性，在微生物和哺乳类动物细胞中提取有活性的天然RNA和DNA时能迅速使核酸酶失活，因而特别适用于分离制备天然的和高相对分子质量的核酸。

2）如果需要从生物材料中提取酶和蛋白质，可以考虑在抽提液中添加蛋白酶抑制剂（一种或几种）或除去蛋白水解酶（用亲和吸附等方法），以保证所需的酶和蛋白质免遭蛋白水解酶的破坏，从而使质量与收率得到提高。

总的说来，化学法局限性相当大，因为表面活性剂、有机溶剂、酸、碱等能使多种生物活性成分遭破坏。反复冻融的效率较低，反复经历常温条件，有失活与自溶危险。热处理破裂使原生质"凝固"，仅用于制备某些耐热酶。上述方法多用于制备低分子的或稳定的高分子化合物。渗透压碎裂法、骤降压力法和晶态转化法的效率一般都不高。所以只有一些机械的碎裂法和酶解法较常用，也可综合运用两种或两种以上的方法。

参 考 文 献

[1] 倪菊华. 生物化学与分子生物学实验教程（北京大学医学实验系列教材）[M]. 北京：北京大学医学出版社，2008.
[2] 王玉明. 医学生物化学与分子生物学实验技术（全国高等医药院校实验教材）[M]. 北京：清华大学出版社，2011.
[3] 周勤. 医药分子生物学实验教程[M]. 广州：中山大学出版社，2008.
[4] 〔美〕J. 萨姆布鲁克等. 分子克隆实验指南（全二册）[M]. 3版. 黄培堂，等，译. 北京：科学出版社，2008.